Axel Strobel

Geschaltete Oszillatoren für Hochfrequenz-Entfernungsmesssysteme

Beiträge aus der Elektrotechnik

Axel Strobel

**Geschaltete Oszillatoren
für Hochfrequenz-
Entfernungsmesssysteme**

 VOGT

Dresden 2014

Bibliografische Information der Deutschen Bibliothek
Die Deutsche Bibliothek verzeichnet diese Publikation in der Deutschen
Nationalbibliografie; detaillierte bibliografische Daten sind im Internet über
http://dnb.ddb.de abrufbar.

Bibliographic Information published by the Deutsche Bibliothek
The Deutsche Bibliothek lists this publication in the Deutsche
Nationalbibliografie; detailed bibiograpic data is available in the internet at
http://dnb.ddb.de.

Zugl.: Dresden, Techn. Univ., Diss., 2014

Die vorliegende Arbeit stimmt mit dem Original der Dissertation
„Geschaltete Oszillatoren für Hochfrequenz-Entfernungsmesssysteme"
von Axel Strobel überein.

Gesetzt vom Autor

ISBN 978-3-938860-71-7

Jörg Vogt Verlag
Niederwaldstr. 36
01277 Dresden
Germany

Phone: +49-(0)351-31403921
Telefax: +49-(0)351-31403918
e-mail: info@vogtverlag.de
Internet : www.vogtverlag.de

TECHNISCHE UNIVERSITÄT DRESDEN

GESCHALTETE OSZILLATOREN FÜR HOCHFREQUENZ-ENTFERNUNGSMESSSYSTEME

AXEL STROBEL

von der Fakultät Elektrotechnik und Informationstechnik der
Technischen Universität Dresden

zur Erlangung des akademischen Grades eines

DOKTORINGENIEURS

(Dr.-Ing.)

genehmigte Dissertation

Vorsitzender:	Prof. Dr.-Ing. PLETTEMEIER
Gutachter:	Prof. Dr. sc. techn. habil. Dipl. Betriebswiss. Frank ELLINGER
	Prof. Dr.-Ing. Martin VOSSIEK

Tag der Einreichung: 27.06.2013
Tag der Verteidigung: 13.02.2014

Für meine Familie

Kurzfassung

Das dieser Arbeit zugrundeliegende Konzept eines frequenzmodulierten Dauerstrich-Sekundärradarsystems mit geschalteten Oszillatoren wurde bereits in der Literatur beschrieben [1, 2, 3]. Die darin beobachtete Phasenkohärenz zwischen einem Injektionssignal und dem Ausgangssignal von geschalteten Oszillatoren wird hier analytisch hergeleitet und durch Systemsimulationen bestätigt. Es wird gezeigt, dass sich eine hohe Güte und eine niedrige Entdämpfung des Resonanzkreises positiv auf die Phasenkohärenz auswirken. Damit werden erstmals Entwurfskriterien für eine gezielte Optimierung von geschalteten Oszillatoren zur Phasenregeneration abgeleitet. Die Theorie der Phasenabtastung wird auf verrauschte Injektionssignale erweitert. Es wird gezeigt, dass die phasenkohärente Ausgangsleistung von geschalteten Oszillatoren für große Injektionsleistungen näherungsweise unabhängig von dieser ist. Für kleine Injektionsleistungen existiert ein linearer Zusammenhang zwischen der phasenkohärenten Ausgangsleistung und der Leistung des Injektionssignals. Die Grenze zwischen diesen beiden linearen Bereichen wird durch die Quellimpedanz der Injektionsquelle sowie dem Verhältnis von Resonanzfrequenz und Güte des Resonanzkreises bestimmt. Eine höhere Güte des Resonanzkreises erhöht die Sensitivität von geschalteten Oszillatoren in Bezug auf die Phasenabtastung. Auf der Grundlage dieser Theorie zur Phasenabtastung verrauschter Signale wird eine Charakterisierungsmethode für geschaltete Oszillatoren abgeleitet, die eine einfache messtechnische Erfassung des beschriebenen Effekts ermöglicht.

In der vorliegenden Arbeit wird der systematische Entwurf von geschalteten Oszillatoren für Hochfrequenz-Entfernungsmesssysteme am Beispiel von drei verschiedenen Oszillatortopologien erläutert. Die auf diese Weise dimensionierten optimierten Schaltungen wurden als integrierte Schaltkreise in einer SiGe-BiCMOS Technologie gefertigt. Durch die grundsätzlich gute Übereinstimmung der Simulations- und Messergebnisse wurde die Eignung der dargestellten Entwurfsmethodik verifiziert. Außerdem wurden die theoretischen Vorhersagen zum Phasenabtastverhalten durch die Messungen belegt. Die gemessene eingangsbezogene Rauschleistung weist bei der implementierten Variante des kreuzgekoppelten Oszillators mit -66.5 dBm den besten Wert aller bekannten Transponderrealisierungen auf Basis von geschalteten injektionsgekoppelten Oszillatoren auf. Außerdem ist die Leistungsaufnahme dieser Variante mit 52 mW sehr niedrig.

Die Funktionalität der entwickelten Transponderprototypen in einem frequenzmodulierten Dauerstrich-Sekundärradarsystem wurde in verschiedenen Umgebungen demonstriert. Das hier dargestellte Transponderkonzept übertrifft mit einer Ortungsgenauigkeit von wenigen Zentimetern bei einer Reichweite von über 100 m und einer Präzision im Millimeterbereich alle bekannten *Backscatter*-Transpondersysteme um mindestens eine Größenordnung. Im Vergleich zu anderen Dauerstrich-Sekundärradarsystemen ist vor allem die um mehr als den Faktor 20 niedrigere Leistungsaufnahme hervorzuheben.

Abstract

The basic concept of frequency modulated continuous-wave secondary radar systems using a switched injection-locked oscillator has been described in literature [1, 2, 3]. In the published work the phase-coherent start-up behavior of switched injection-locked oscillators has been studied. In this work, this behavior is analytically derived and validated with system simulations. It is shown, that a high quality factor of the resonator and a low negative resistance have a positive effect on the phase-coherent start-up. Therefore, design criteria for the optimization in terms of phase regeneration of switched injection-locked oscillators are derived for the first time.

The phase-sampling theory is extended to account for noisy injection signals. It is shown, that the phase-coherent output power of switched injection-locked oscillators is substantially independent from the injection signal power at high injection power levels. For low injection power levels the phase-coherent output power decreases linearly with the injected signal power. The transition between those two regions depends on the source impedance of the injection signal source and on the ratio between the resonance frequency and the quality factor of the resonator. A high quality factor increases the sensitivity of switched oscillators with respect to the phase sampling behavior. Based on this theory, a characterization method for switched injection-locked oscillators is derived.

In this work, the systematic design of switched injection-locked oscillator based transponders is shown for three different oscillator topologies. The designed transponders were implemented as integrated circuits in a SiGe-BiCMOS technology. The good agreement between simulation and measurement results validates the proposed design methodology. Furthermore, the theoretical predictions for the phase sampling behavior were validated by measurements. The measured input referred noise power of the implemented cross-coupled oscillator version is, with $-66.5\,\mathrm{dBm}$, significantly better than any reported switched injection-locked oscillator implementation. Moreover, the power consumption of $52\,\mathrm{mW}$ is very low.

The functionality of the transponder prototypes has been demonstrated in a secondary radar system in different environments. The presented transponder concept exceeds any reported backscatter transponder system with an accuracy of a few centimeter at a coverage range of more than $100\,\mathrm{m}$ and a precision in the millimeter range by at least one order of magnitude. In comparison to other frequency modulated continuous-wave secondary radar systems, the most outstanding improvement of the state-of-the-art is a factor of 20 reduction of power consumption.

Danksagung

An dieser Stelle möchte ich mich bei allen, die diese Arbeit in den letzten Jahren unterstützt haben, bedanken.

Mein besonderer Dank gilt Herrn Prof. Dr. sc. techn. habil. Frank Ellinger, der mir als Doktorvater die Promotion auf diesem interessanten Gebiet ermöglicht hat. Mit seiner Begeisterung für die Hochfrequenzschaltungstechnik und vielfältigen Anregungen zur weiteren Forschung hat er die Entwicklung der FMCW-Transponder maßgeblich vorangetrieben.

Herrn Prof. Dr.-Ing. habil. Udo Jörges danke ich für die Bereitschaft und Zeit, die er sich stets für umfangreiche Fachdiskussionen und die kritische Durchsicht des Manuskripts genommen hat. Meinen Kollegen am Lehrstuhl bin ich verbunden, sowohl für fachliche Anregungen als auch für das freundliche und offene Arbeitsklima. Im Besonderen möchte ich mich bei meinen Bürokollegen Robert Wolf, Niko Joram, Jens Wagner, Uwe Mayer und Michael Wickert für die stets fruchtbare und sehr angenehme Arbeitsatmosphäre bedanken.

Des Weiteren danke ich der Deutschen Forschungsgemeinschaft (DFG) für die Unterstützung des Projektes LOMMID, das die Grundlage für diese Arbeit bildete. In diesem Zusammenhang möchte ich auch Herrn Christian Carlowitz und Herrn Prof. Vossiek für die erfolgreiche Zusammenarbeit danken.

Meinem Vater möchte ich für seine akribische Fehlersuche bei der Endkorrektur dieser Arbeit danken. Außerdem danke ich meiner Familie und meinen Freunden für die Zerstreuung außerhalb des Büros, wodurch ich stets Kraft und neue Konzentration schöpfen konnte.

Abschließend möchte ich mich ganz herzlich bei meiner Frau Katja bedanken. Sie hat mir stets die Freiheit gegeben mich auf meine Promotion zu konzentrieren und hat mir zusammen mit unserem Sohn Edgar in den letzten Jahren viele angenehme Stunden geschenkt.

Dresden, im Juni 2013 *Axel Strobel*

Inhaltsverzeichnis

1 Einleitung

Die Messung von Abständen bzw. die Positionsbestimmung von Objekten ist in vielen Bereichen des täglichen Lebens zum Beispiel im Vermessungswesen, im Verkehrswesen, in der Produktionsautomatisierung oder der Logistik von Bedeutung. Dabei kommen je nach Anwendung verschiedenste Messverfahren zum Einsatz. Eine wichtige Klasse in der Abstandsmessung sind die Radarsysteme. In diesen Systemen wird der Abstand von Objckten über die Ausbreitungsgeschwindigkeit elektromagnetischer Wellen bestimmt.

Die Geschichte von Radarsystemen reicht bis ins frühe 20. Jahrhundert zurück [4]. Im Jahr 1902 patentierte John S. Stone das erste effektive Richtungsortungssystem für drahtlose Telegraphensignale [5, 6]. Lee De Foeest erkannte 1904 [7], dass die empfangene Signalleistung mit der Entfernung abnimmt und wird häufig als Erfinder des ersten Abstandsmesssystems genannt. Christian Hülsmeyer entwickelte nahezu zeitgleich das erste Radarsystem auf Basis des unmodulierten Dauerstrichradars (CW-Radars) [8]. Er demonstrierte damit die Ortung eines sich annähernden Schiffes in einer Entfernung von drei Kilometern von einer Rheinbrücke. Die ersten praktischen Anwendungen für diese Systeme waren die Lokalisierung von Zeppelinen und U-Booten durch die Ortung ihrer Kommunikationssignale im Ersten Weltkrieg.

Das Prinzip des frequenzmodulierten Dauerstrichradars (FMCW-Radars) wurde bereits 1939 durch Lloyd Espenschied und Russell C. Newhouse [9] beschrieben. Im Jahr 1969 wurde erstmals ein FMCW-Radarsystem im zivilen Bereich für atmosphärische Untersuchungen [10] verwendet.

Allerdings war der militärische Bereich bis in die 90iger Jahre des 20. Jahrhunderts der primäre Treiber der Entwicklung von Radarsystemen. Ein wesentlicher Schlüssel zur Verbreitung von Positionierungssystemen in den verschiedensten Bereichen des täglichen Lebens war die Freischaltung der erhöhten Genauigkeit des satellitenbasierten Globalen Positionierungssystems (GPS) für zivile Zwecke im Jahr 2000, die bis dahin dem US-Militär vorbehalten war. Dadurch wurde auch außerhalb des militärischen Bereichs eine präzise Positionsbestimmung mit Genauigkeiten im Bereich von 10 m möglich, wodurch zum Beispiel Navigationssysteme in Fahrzeugen schnell Verbreitung fanden. Ein wesentlicher Nachteil des GPS ist, dass die Signalstärke innerhalb von Gebäuden nicht für eine Positionsbestimmung ausreicht. Außerdem werden im Empfänger komplexe Baugruppen zur Signalverarbeitung benötigt. Dadurch sind GPS-Empfänger vergleichsweise teuer und haben einen hohen Energieverbrauch, welcher die Laufzeit von mobilen Geräten einschränkt.

Heutzutage steigt die Bedeutung der Lokalisierung von Objekten in vielen Bereichen des täglichen Lebens stetig [11, 12]. Durch die globale Verfügbarkeit von Positionsinformationen, zum Beispiel durch GPS, nimmt die Zahl von ortsbezogenen Diensten zum Beispiel im Bereich der Werbung, des *Entertainment*, der Sicherheit von Personen (Notrettung) oder der Verfolgung von Gegenständen in der Logistik kontinuierlich zu. Als Alternative zur GPS-Navigation in Gebäuden werden neuerdings vermehrt Ortungssysteme auf Basis der existierenden Kommunikationsinfrastruktur verwendet. So existieren Lösungen, die beispielsweise den Standort von Smartphones aus der empfangenen Signalleistung von WLAN-, GSM-, UMTS- oder LTE-Signalen bestimmen. Diese Systeme setzen jedoch eine engmaschige Telekommunikationsinfrastruktur voraus und haben nur eine Genauigkeit im Bereich von einigen Metern.

Ein weiterer Sektor, der sich in den letzten Jahren stark entwickelt hat, ist der Bereich der RFIDs (*Radio-Frequency IDentification*) [13]. Diese werden beispielsweise in der Logistik zur Identifikation von Gütern aber auch in berührungslosen Einlasssystemen oder zur Bezahlung eingesetzt. Klassische RFIDs funktionieren nur über kurze Entfernungen. Eine Lokalisierung in einem größeren Bereich ist damit nur mit einer Vielzahl von verteilten RFID-Lesegeräten möglich. Die niedrigen Herstellungskosten der meist sehr einfach aufgebauten RFID-*Transponder* sind ein großer Vorteil dieser Systeme. Außerdem existieren passive und sich selbst mit Energie versorgende RFID-Systeme, die eine nahezu unbegrenzte Nutzungsdauer ermöglichen.

In dieser Arbeit werden Baugruppen für ein modifiziertes FMCW-Radarsystem untersucht. Darin wird, zur Erhöhung der Reichweite, ein *Transponder* als aktiver Signalverstärker verwendet. Dieser Transponder benötigt aufgrund seines einfachen Aufbaus nur wenig Energie und erlaubt daher eine wesentlich längere Betriebsdauer im Akku- oder Batteriebetrieb als zum Beispiel ein GPS-Empfänger. Außerdem kann ein derartiger Transponder durch die geringe Komplexität kostengünstig hergestellt werden. Des Weiteren ist in diesem System eine Datenübertragung vom Transponder zum Lesegerät möglich. Dadurch können sowohl Transponder unterschieden als auch Status- oder Sensorinformationen übertragen werden.

1.1 Wissenschaftlicher Kontext

Die steigende Verbreitung von Sensornetzwerken führt zu einer wachsenden Nachfrage nach Transpondern mit zusätzlichen Eigenschaften. Für den Aufbau derartiger Netze sind Eigenschaften von Bedeutung, die bei heutigen RFID-Transpondern nur eine untergeordnete Rolle spielen. Ein Aspekt sind Positionsdaten und die Möglichkeit der Identifikation von Objekten. Die von einem Transponder erfassten Sensordaten sind immer häufiger mit der Position des Sensors verbunden. So ist zum Beispiel bei autonomen Fahrzeugen nicht nur von Interesse welches Fahrzeug sich nähert, sondern auch aus welcher Richtung und mit welcher Geschwindigkeit. Ein weiterer Aspekt ist die Geschwindigkeit der Datenübertragung, da die Menge an erfassten Sensordaten stetig wächst. Die kollisionsfreie und schnelle Datenübertragung zwischen einer großen Anzahl von Sensorknoten erfordert die Verwendung effizienter Kommunikationsprotokolle. Zudem werden für die angestrebten Datenraten hohe Kanalbandbreiten benötigt, die zu einer entsprechend höheren Kanalmittenfrequenz führen.

Das seit vielen Jahren bekannte Konzept des *Backscatter*-Transponders [14, 15, 16] erfüllt diese Aspekte und ermöglicht zudem Transponder mit einer niedrigen Komplexität. Der passive *Backscatter*-Transponder [15, 16] ist die einfachste Art der Implementierung. Allerdings wird in diesem Konzept das Signal am Transponder nur reflektiert, weshalb die Leistung am Lesegerät mit der vierten Potenz des Produktes aus Abstand und Sendefrequenz abnimmt. In der Praxis werden Systeme mit passiven *Backscatter*-Transpondern deshalb, wie zum Beispiel bei NFC-Zugangssystemen (*Near Field Communication*) [17], nur für kleine Abstände verwendet.

Um die reflektierte Leistung zu erhöhen, kann ein Verstärker im Transponder verwendet werden [18]. Hierbei ist jedoch nur eine Verstärkung von maximal 20 dB möglich, ohne dass Probleme durch Mitkopplungseffekte auftreten [3].

Durch die Verwendung eines Transponders, der auf einem injektionsgekoppelten (*injection-locked*) Oszillator basiert, kann eine höhere Sendeleistung erreicht werden. Diese Art von Transpondern haben den Nachteil, dass die Kopplung des Oszillators auf das Empfangssignal nur stattfindet, wenn das empfangene Signal leistungsstark ist [19]. Die Bandbreite eines solchen Systems ist sehr klein und außerdem von der Amplitude des ankommenden Signals abhängig.

In dieser Arbeit wird das Konzept des geschalteten injektionsgekoppelten Oszillators (*switched injection-locked oscillator*, SILO) [1, 2, 20, 3] verwendet. Dieses Konzept erlaubt es aus einem schwachen Empfangssignal ein starkes, phasenkohärentes Sendesignal in einem weiten Frequenzbereich zu generieren. Hierdurch wird es möglich einen einfachen Transponder, der im Folgenden auch als aktiver Reflektor bezeichnet wird, mit einer hohen Reichweite sowie einer hohen Datenrate zu realisieren.

Das Grundprinzip dieses Konzepts basiert auf dem Super-Regenerativ-Empfänger [21, 22, 23, 24, 25]. In diesem Empfängertyp wird die Abhängigkeit der Anschwingzeit von Oszillatoren vom Signalpegel eines Injektionssignals zur Amplitudendemodulation genutzt. In [1, 2, 3] wurde gezeigt, dass zusätzlich zur injektionsleistungs-abhängigen Anschwingzeit auch die Phasenlage eines anschwingenden Oszillators von der Phasenlage eines Injektionssignals abhängt. Durch diese Abhängigkeit wird die Phase des empfangenen Signals zum Einschaltzeitpunkt abgetastet, durch die aufklingende Schwingung des Oszillators verstärkt und zum Lesegerät zurückgesen-det. Wird der Oszillator periodisch ein- und ausgeschaltet, so verhält sich dieser wie ein regenerativer Verstärker für phasenmodulierte Signale und kann daher als aktiver Reflektor in frequenz- oder phasenmodulierten Radar- und Kommunikati-onssystemen verwendet werden [3].

In vorangegangenen Arbeiten wurde die Funktionalität von geschalteten Oszil-latoren in unmodulierten [26, 27] und modulierten [2, 20, 3, 28] Radarsystemen demonstriert.

In der Literatur wird bisher ausschließlich das Verhalten injektionsgekoppelter Os-zillatoren im stationären Betrieb beschrieben [29, 19]. Ein wesentlicher Schwerpunkt dieser Arbeit ist es daher das Verhalten von geschalteten Oszillatoren während des Anschwingvorgangs genauer zu beschreiben und Kriterien für den Entwurf von ge-schalteten Oszillatoren für Abstandsmesssysteme abzuleiten.

1.2 Anwendungsszenario

Die Untersuchungen in dieser Arbeit wurden im Rahmen des Forschungsprojekts mit dem Titel „*Novel Techniques, Theories and Circuits for* **Locatable** **mm-***Wave* **RFID** *Tags* (Techniken, Theorien und Schaltungen für lokalisierbare mm-Wellen-RFID-Tags)" und dem Akronym LOMMID durchgeführt. Das Ziel dieses von der DEUTSCHEN FORSCHUNGSGEMEINSCHAFT (DFG) geförderten Forschungsprojektes war die Analyse und der Entwurf eines Abstandsmesssystems auf Basis eines aktiven Reflektors nach dem SILO-Prinzip. Des Weiteren ist die Integration eines Kommu-nikationskanals mit einer hohen Datenrate Teil dieses Forschungsprojektes. Die in dem Projekt definierte Entwurfsspezifikation (Tabelle 1.1) bildet daher die Grund-lage für den Frequenzbereich, die nutzbare Systembandbreite sowie die maximal am aktiven Reflektor zulässigen DC-Verlustleistung.

Die Definition dieser Parameter orientiert sich an der Regulierung eines Frequenz-bandes zur nicht-navigatorischen Funkortung im Bereich von 34.2 GHz bis 34.7 GHz durch die Deutsche Bundesnetzagentur [30].

Mit dieser Spezifikation ist das Abstandsmesssystem beispielsweise für Anwen-dungen zur zentimetergenauen Positionierung von Gegenständen in der Fabrikau-tomatisierung geeignet. Weitere mögliche Anwendungen für das spezifizierte Sekun-

Tabelle 1.1: Zusammenfassung der Spezifikation des aktiven Reflektors

Bezeichnung	Wert
Bandmittenfrequenz	$34.5\,\text{GHz}$
Systembandbreite	$500\,\text{MHz}$
Ausgangsleistung	$7\,\text{dBm}$
Modulationsfrequenz	$10 - 100\,\text{MHz}$
Einschaltzeit	$1 - 5\,\text{ns}$
DC-Verlustleistung	$100\,\text{mW}$
Präzision	$\approx 5\,\text{mm}$
Genauigkeit	
Szenario mit moderatem Multipfadeinfluss	$\approx 5\,\text{cm}$
Szenario mit starkem Multipfadeinfluss	$\leq 30\,\text{cm}$
Reichweite	$1\,\text{m}$ - $10\,\text{m}$
Datenrate	$\gg 10\,\text{MBit/s}$

därradarsystem sind Annäherungssensoren oder RFID-Tags im Logistik-Bereich. Der Aspekt der Datenübertragung zwischen *Transponder* und Basisstation bzw. die Identifikation verschiedener *Transponder* wird in dieser Arbeit nicht betrachtet.

1.3 Zielstellung und Gliederung der Arbeit

In dieser Arbeit wird eine Vielzahl von Aspekten, die für den Entwurf eines SILO-basierten Abstandsmesssystems relevant sind, diskutiert. Die sich daraus ergebende Zielstellung gliedert sich in folgende wesentliche Punkte:

- Theoretische Grundlagen: Die Erweiterung der Theorie der Phasenabtastung von geschalteten Oszillatoren zur Verwendung in FMCW-Radarsystemen ist ein Kernpunkt der Arbeit. Die wesentliche Neuheit ist dabei die Beschreibung des Anschwingverhaltens von injektionsgekoppelten Oszillatoren für verrauschte Injektionssignale.

- Entwurfsmethodik: Aus den theoretischen Erkenntnissen der entwickelten Theorie zur Phasenabtastung verrauschter Signale wird ein strukturierter Entwurfsprozess abgeleitet. Die Methodik wird anhand der Entwicklung von drei integrierten geschalteten Oszillatoren detailliert beschrieben.

- Charakterisierung: Eine Messmethode zur Charakterisierung des Rauschverhaltens von geschalteten injektionsgekoppelten Oszillatoren wird eingeführt.

Die entworfenen ICs werden über diese neue Methode hinaus auf Komponentenebene aber auch in Systemmessungen umfassend charakterisiert.

Diese Arbeit ist wie folgt gegliedert: Im Kapitel 2 werden die Grundlagen des FMCW-Radars rekapituliert. Das Funktionsprinzip des FMCW-Radars wird im Abschnitt 2.2 am Beispiel eines Primärradarsystems erläutert.

Im Kapitel 3 wird die Theorie eines durch einen geschalteten Oszillator verbesserten FMCW-Sekundärradarsystems beschrieben. Dazu wird zunächst im Abschnitt 3.2 das Anschwingverhalten von Oszillatoren in Gegenwart eines verrauschten Injektionssignals modelliert. Weiterhin wird der Einfluss von Schaltungsparametern auf SILO-Kennwerte untersucht und es werden Entwurfskriterien für geschaltete Oszillatoren in FMCW-Sekundärradarsystemen abgeleitet. Im Abschnitt 3.3 wird eine Methode zur messtechnischen Charakterisierung von SILOs gezeigt. Anschließend wird der Einfluss des Rauschens auf das Gesamtsystem im Abschnitt 3.4 dargestellt.

Der strukturierte Entwurf von drei integrierten SILO-Varianten wird im Kapitel 4 vorgestellt. Die Grundlage für den Entwurf der geschalteten Oszillatoren in dieser Arbeit bildet die in Abschnitt 1.2 angegebene Spezifikation. In diesem Kapitel werden theoretische Zusammenhänge hergeleitet und mit Simulationsergebnissen verglichen. Des Weiteren wird der Entwurf von Leiterplattenkomponenten zur Realisierung von Prototypen gezeigt.

Im Anschluss sind im Kapitel 5 die Ergebnisse der Charakterisierung dieser drei Varianten dargestellt. Dafür wurden die SILO-Prototypen als Einzelblöcke charakterisiert. Weiterhin wurden mit diesen SILO-Prototypen Abstandsmessungen in einem FMCW-Radarsystem durchgeführt. Die Ergebnisse werden am Ende dieses Kapitels mit bisherigen Arbeiten auf diesem Gebiet verglichen.

Den Abschluss bildet eine Zusammenfassung der Arbeit im Kapitel 6.

2 Grundlagen des FMCW-Radars

2.1 Einordnung

Bei Radarsystemen wird auf Systemebene zwischen Primär- und Sekundärradar unterschieden [31]. Als Primärradar wird dabei ein System bezeichnet, in dem ausschließlich passive Reflexionen von Objekten ausgewertet werden. In einem Sekundärradarsystem befindet sich am Zielobjekt ein Transponder, der die ausgesendeten Radarsignale empfängt, verarbeitet und ein eigenes Signal zurücksendet. Dadurch ist eine Identifikation des Zielobjektes möglich.

Eine weitere Klassifizierung von Radarsystemen wird häufig nach der Art der verwendeten Radarsignale durchgeführt [32]. Dabei unterscheidet man im Wesentlichen zwischen Pulsradar und Dauerstrichradar. Beim Pulsradar wird eine kontinuierliche Folge von Pulsen gesendet und deren Signallaufzeit direkt gemessen.

Im Gegensatz dazu wird beim Dauerstrichradar ein kontinuierliches Radarsignal verwendet. Es wird weiterhin zwischen unmoduliertem (CW-Radar) und moduliertem (FMCW-Radar) Dauerstrichradar unterschieden. Beim CW-Radar wird ein unmoduliertes Sinussignal gesendet und dessen Signallaufzeit als Phasendifferenz von Sende- und Empfangssignal gemessen. Durch die Periodizität des verwendeten Sinussignals ist eine absolute Entfernungsmessung nicht möglich. In der Praxis wird das CW-Radar hauptsächlich zur Geschwindigkeitsmessung verwendet. Dabei wird die Frequenzverschiebung des Sendesignals durch den Dopplereffekt ausgenutzt. Beim modulierten Dauerstrichradar (FMCW-Radar) wird ein linear frequenzmoduliertes Sendesignal verwendet. Die absolute Entfernungsmessung wird durch Bestimmen der Differenzfrequenz von Sende- und Empfangssignal möglich.

In dieser Arbeit wird ein modifiziertes FMCW-Sekundärradarsystem untersucht. Das darin verwendete Messprinzip basiert auf dem FMCW-Primärradar. Zum besseren Verständnis der folgenden Kapitel wird daher im nächsten Abschnitt das Grundprinzip eines FMCW-Primärradarsystems kurz rekapituliert.

2.2 Grundprinzip des FMCW-Primärradars

In einem FMCW-Primärradarsystem wird der Abstand d zwischen einer Basisstation und einem Objekt durch Messung im Frequenzbereich bestimmt. Die schematische Darstellung eines konventionellen FMCW-Primärradarsystems ist in Abbil-

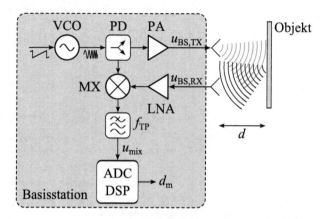

Abbildung 2.1: Blockschaltbild eines passiven FMCW-Radarsystem

dung 2.1 zu sehen. Der Sendepfad der Basisstation besteht dabei aus einem Signalgenerator zur Erzeugung eines linear frequenzmodulierten Signals (VCO), einem Leistungsteiler (PD), einem Leistungsverstärker (PA) und einer Sendeantenne. Der Empfangspfad besteht aus einer Empfangsantenne, einem rauscharmen Eingangsverstärker (LNA), einem Mischer (MX) mit anschließendem Tiefpassfilter, einem Analog-Digital-Konverter (ADC) und einem digitalem Signalprozessor (DSP).

Wenn nicht explizit anders definiert, sind im Folgenden alle Zeitsignale harmonische Spannungssignale, deren Amplitude stets bezogen auf die Referenzimpedanz von $R_{\text{ref}} = 50\,\Omega$ am jeweiligen Punkt x im System der Leistung $P_x = \frac{\hat{U}_x^2}{2 \cdot R_{\text{ref}}}$ entspricht. Weiterhin wird stets eine ideale Anpassung vorausgesetzt. Damit entspricht die Spannungsverstärkung der Wurzel der Leistungsverstärkung des jeweiligen Bauelements.

Das von der Basisstation ausgesendete, linear frequenzmodulierte Signal $u_{\text{BS,TX}}$ wird im Zeitbereich mit Gleichung 2.1 mathematisch beschrieben.

$$u_{\text{BS,TX}}(t) = \hat{U}_{\text{BS,TX}} \cos\left(\omega_0 t + \pi\mu t^2\right)$$
$$\mu = \frac{B_{\text{r}}}{T_{\text{r}}} \tag{2.1}$$

Dabei ist $\hat{U}_{\text{BS,TX}}$ die Ausgangsspannungsamplitude, $\omega_0 = 2\pi f_0$ die Kreisfrequenz und μ der zeitbezogene Gradient der Frequenzmodulation des Sendesignals. Das Sendesignal durchläuft mit Lichtgeschwindigkeit c die Strecke d von der Basisstation zum reflektierenden Objekt und zurück. Dabei wird es um die Zeit $2\tau = 2\frac{d}{c}$

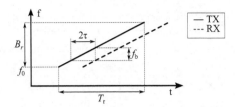

Abbildung 2.2: Definition der FMCW-Radarsystemkenngrößen über die Abhängigkeit der Momentanfrequenz f von der Zeit t.

verzögert und unter Berücksichtigung des Antennengewinns $G_{A,BS}$ durch die Freiraumdämpfung $F_{L,2 \cdot d}$ (vgl. Gleichung A.2) abgeschwächt.

$$u_{BS,RX}(t) = \frac{G_{A,BS}}{\sqrt{F_{L,2 \cdot d}}} \hat{U}_{BS,TX} \cos \left(\omega_0(t - 2\tau) + \pi\mu(t - 2\tau)^2 \right) \qquad (2.2)$$

Die wesentlichen Systemparameter sind in Abbildung 2.2 dargestellt. Das Empfangssignal $u_{BS,RX}$ in Gleichung 2.2 wird durch einen LNA (G_{LNA} - Leistungsverstärkung) verstärkt, am Mischer mit dem Sendesignal multipliziert und im Anschluss mit einem Tiefpass zur Unterdrückung der Signalanteile bei $2\omega_0$ gefiltert. Bei Abwärtsmischern wird der Mischgewinn (G_{MX} - Leistungsverstärkung) im Allgemeinen als Leistungsverhältnis des HF-Signals zum Basisbandsignal bei rechteckförmiger Ansteuerung des LO-Eingangs angegeben. Damit ergibt sich das Basisbandzeitsignal u_{mix} wie in Gleichung 2.3 beschrieben. Unter Anwendung von geeigneten Additionstheoremen und einer Tiefpassfilterung zur Unterdrückung der Frequenzanteile bei $2\omega_0$, welche durch die existierende Bandbegrenzung des Basisbandausgangs bei Abwärtsmischern ein inhärenter Bestandteil ist, erhält man:

$$u_{mix}(t) = TP \left\{ \sqrt{G_{MX}} 2 \cos(\omega_0 t + \pi\mu t^2) \cdot \sqrt{G_{LNA}} u_{BS,RX} \right\}$$

$$u_{mix}(t) = \hat{U}_{mix} \cos \left(4\pi\mu\tau t + 2\omega_0\tau - 4\pi\mu\tau^2 \right) \qquad (2.3)$$

$$\hat{U}_{mix} = G_{A,BS} \sqrt{G_{MX}G_{LNA}} \left(\frac{c}{2\omega_0 d} \right)^2 \hat{U}_{BS,TX}.$$

Gleichung 2.3 zeigt, dass das Basisbandzeitsignal eine zur Distanz proportionale Frequenz besitzt. Diese *beat*-Frequenz $f_b = 2\mu\tau$ wird im Allgemeinen durch die Berechnung der Fouriertransformierten und anschließender Maximumsuche im Spektrum ermittelt. Für die Frequenzschätzung steht dabei ein Zeitsignal der Länge T_r zur Verfügung. Diese Zeitbegrenzung ist mathematisch durch die Multiplikation mit einer Rechteckfensterfunktion abbildbar und entspricht im Frequenzbereich der Faltung mit der Fouriertransformierten der Rechteckfunktion der normierten Sinus-cardinalis-Funktion $\text{sinc}(x) = \frac{\sin(\pi x)}{\pi x}$ wie in Gleichung 2.4 beschrieben.

$$U_{\text{mix}}(f) = \frac{\hat{U}_{\text{mix}}}{2} \left[e^{j\phi_1}\delta(f - f_{\text{b}}) + e^{-j\phi_1}\delta(f + f_{\text{b}}) \right] * \left[T_{\text{r}}\text{sinc}\left(fT_{\text{r}}\right) e^{-j2\pi f\frac{T_{\text{r}}}{2}} \right]$$

$$U_{\text{mix}}(f) = \frac{\hat{U}_{\text{mix}}}{2}T_{\text{r}} \left\{ e^{j(\phi_1 - \phi_2)}\text{sinc}\left[(f - f_{\text{b}})\,T_{\text{r}}\right] + e^{-j(\phi_1 + \phi_3)}\text{sinc}\left[(f + f_{\text{b}})\,T_{\text{r}}\right] \right\}$$

$$f_{\text{b}} = 2\mu\tau = 2\frac{B_{\text{r}}}{cT_{\text{r}}}d \tag{2.4}$$

$$\phi_1 = 2\omega_0\tau - 4\pi\mu\tau^2$$

$$\phi_2 = 2\pi(f - f_{\text{b}})\frac{T_{\text{r}}}{2}$$

$$\phi_3 = 2\pi(f + f_{\text{b}})\frac{T_{\text{r}}}{2}$$

Dabei ist B_{r} die Bandbreite der linearen Frequenzmodulation und T_{r} die Dauer einer einzelnen Frequenzrampe.

Ein weiterer Aspekt, der direkt aus Gleichung 2.4 folgt, ist die Multipfadauflösung. Angenommen, es existiert nicht nur ein reflektierendes Objekt sondern mehrere, dann besteht das resultierende Basisbandspektrum aus einer Summe von unterschiedlich verschobenen sinc-Funktionen. Es ist einleuchtend, dass man die Maxima der einzelnen Reflexionen solange trennen kann, wie der Abstand im Spektrum größer ist als die halbe Bandbreite der Hauptkeule der sinc-Funktion. Die Bandbreite der Hauptkeule ist daher ein Maß für die Multipfadauflösungseigenschaften des FMCW-Radarsystems. Aus Gleichung 2.4 wird direkt deutlich, dass die Hauptkeule eine Breite von $\frac{2}{T_{\text{r}}}$ besitzt. Somit kann direkt die Multipfadauflösungsgrenze $\Delta d_{\text{MP,grenz}}$ gemäß Gleichung 2.5 angegeben werden.

$$\Delta d_{\text{MP,grenz}} = \frac{c}{2B_{\text{r}}} \tag{2.5}$$

Diese Größe ist eine gute Näherung für die Multipfadauflösung eines FMCW-Radarsystems. Eine genauere Untersuchung zur Multipfadauflösung in Bezug auf den resultierenden Abstandsmessfehler ist in [73] zu finden.

Gleichung 2.4 beschreibt die zeitkontinuierliche Lösung der Fouriertransformation. In der Praxis steht jedoch nur ein zeitdiskretes Basisbandzeitsignal mit der Zeitschrittweite T_{s} bzw. der Abtastfrequenz f_{s} zur Verfügung. Die Abtastfrequenz f_{s} (vgl. Gleichung 2.6) ist entsprechend der maximal messbaren Entfernung d_{max} so zu wählen, dass das Nyquistkriterium eingehalten wird.

$$f_\mathrm{s} > 2f_\mathrm{b}(d_\mathrm{max}) = 4\frac{B_\mathrm{r}}{cT_\mathrm{r}}d_\mathrm{max} \tag{2.6}$$

Zur Frequenzschätzung wird der Algorithmus der schnellen Fouriertransformation (FFT) verwendet. Diese liefert ein Spektrum mit einer maximalen Frequenz von $\frac{f_\mathrm{s}}{2}$ und einer Frequenzauflösung Δf (vgl. Gleichung 2.7), die direkt proportional zur Anzahl der Abtastpunkte N ist. Die Zahl der Abtastpunkte wird dabei durch das Produkt aus Rampendauer und Abtastfrequenz bestimmt.

$$\Delta f = \frac{f_\mathrm{s}}{N} = \frac{f_\mathrm{s}}{f_\mathrm{s}T_\mathrm{r}} = \frac{1}{T_\mathrm{r}} \tag{2.7}$$

Um aus dem Spektrum die sinc-Funktion (Gleichung 2.4) wieder fehlerfrei rekonstruieren zu können, ist eine Frequenzauflösung größer als $\frac{1}{2T_\mathrm{r}}$ notwendig. Daher muss dem Zeitvektor zur Berechnung der FFT eine Folge Nullen angehängt werden (*Zero-Padding*), damit das Nyquistkriterium erfüllt bleibt. Die Anzahl der Punkte *NFFT* der zu berechnenden FFT ist daher gemäß Gleichung 2.8 zu wählen.

$$NFFT > 2f_\mathrm{s}T_\mathrm{r} = 8\frac{B_\mathrm{r}}{c}d_{max} \tag{2.8}$$

Mit dieser Annahme erhält man im Bereich der Hauptkeule der sinc-Funktion mindestens vier Punkte und kann durch sinc-Interpolation das Maximum und damit die Entfernung exakt bestimmen.

2.3 Vergleich zwischen primären und sekundären FMCW-Radarsystemen

In einem konventionellen FMCW-Sekundärradarsystem befindet sich sowohl am Start- als auch am Endpunkt der Entfernungsmessung eine Basisstation im Sinne des Primärradarsystems. Durch eine übergeordnete Steuerung (Protokoll) wird in einer zweistufigen Radarmessung wie zum Beispiel in [69] eine Zeitsynchronisation und Entfernungsmessung zwischen beiden Basisstationen durchgeführt. In diesem Schema ist für die Freiraumdämpfung nur die einfache Entfernung nach Gleichung A.1 maßgebend. Dadurch sind sehr viel größere Reichweiten des Messsystems möglich. Außerdem wird durch die übergeordnete Protokollsteuerung eine Trennung (Identifikation) von verschiedenen Objekten möglich. Der Nachteil dieses Systems ist die hohe Komplexität beider Basisstationen.

In einem FMCW-Primärradarsystem wird das von einer Basisstation abgestrahlte Sendesignal von jedem umgebenden Objekt reflektiert und von einer separaten Antenne empfangen. In der Basisstation wird das empfangene Signal nach der im vorangegangenen Abschnitt gezeigten Theorie verarbeitet und daraus die Abstandsinformation bestimmt. Der Nachteil von FMCW-Primärradarsystemen ist die im Vergleich zu aktiven Systemen geringere Reichweite durch die mit der vierten Potenz der Entfernung steigende Freiraumdämpfung (vgl. Gleichung A.2). Außerdem werden Reflexionen von allen Objekten in der Umgebung empfangen. Eine räumliche Trennung von Objekten ist nur winkelabhängig durch stark gerichtete Antennen wie zum Beispiel beim Rundsichtradar zur Schiff- und Flugverkehrsüberwachung möglich.

Der im nachfolgenden Kapitel gezeigte Ansatz eines SILO-basierten FMCW-Radarsystems ist ein Sekundärradarsystem, bei dem durch die Verwendung eines aktiven Reflektors als Transponder die Zeitsynchronisation zwischen Basisstation und Transponder zur Abstandsmessung nicht erforderlich ist. Dennoch ist in diesem System eine Trennung und Identifikation von Objekten möglich. Die Reichweite des Systems ist größer als die eines FMCW-Primärradarsystems, aber kleiner als die des oben beschriebenen konventionellen FMCW-Sekundärradars. Allerdings sind sowohl die Komplexität als auch der Leistungsbedarf des aktiven Reflektors sehr viel niedriger als bei einer Basisstation in einem konventionellen FMCW-Sekundärradarsystem.

3 Theorie des SILO-basierten FMCW-Sekundärradarsystems

3.1 Überblick

Im folgenden Kapitel werden theoretische Untersuchungen für ein SILO-basiertes FMCW-Sekundärradarsystem mit einem regenerativen Verstärker bzw. aktiven Reflektor als Transponder vorgestellt. Das Kernelement, der regenerative Verstärker, beruht auf einem geschalteten Oszillator, der, vereinfacht gesagt, eine Phasenabtastung des empfangenen Signals durchführt und damit ein, bezogen auf das Signal-Rausch-Verhältnis, regeneriertes Signal zurück zur Basisstation sendet. Daher wird zunächst im Abschnitt 3.2 das Verhalten von Oszillatoren in Bezug auf ein injiziertes Signal während des Einschaltvorgangs untersucht. Im Anschluss wird im Abschnitt 3.3 eine Methode zur Modellierung und Charakterisierung eines geschalteten Oszillators vorgestellt. Zum Abschluss wird dieses Modell des regenerativen Verstärkers im Abschnitt 3.4 verwendet, um das Gesamtsystem zu beschreiben.

3.2 Untersuchungen zu Oszillatorparametern

3.2.1 Anschwingverhalten

In diesem Abschnitt wird das Anschwingverhalten eines harmonisch angeregten LC-Oszillators analytisch berechnet. Das Schaltbild eines LC-Oszillators ist in Abbildung 3.1 dargestellt. Darin ist R_s der Generatorwiderstand der anregenden Quelle

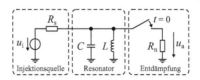

Abbildung 3.1: Schaltbild eines idealen LC-Oszillators

und R_n entspricht dem äquivalenten negativen Widerstand eines aktiven Bauelements.

Lineares Model

Der äquivalente negative Widerstand R_n eines aktiven Bauelements wird zunächst als konstant und betragsmäßig kleiner als R_s angenommen. Das Ausgangssignal u_a wird in diesem Fall allgemein gültig durch die folgende Differentialgleichung beschrieben.

$$\ddot{u}_a + 2\beta \cdot \dot{u}_a + \omega_0^2 \cdot u_a = 2\beta_0 \cdot \dot{u}_i \tag{3.1}$$

Die Koeffizienten β, ω_0 und β_0 sowie die Spannung u_i stehen bei sinusförmiger Anregung anhand der Definition von Gleichung 3.2 mit den Elementen des Schaltbildes nach Abbildung 3.1 im Zusammenhang.

$$\beta(t \geq 0) = \frac{1}{2(R_s \parallel R_n)C} < 0$$

$$\omega_0^2 = \frac{1}{LC}$$

$$\beta(t < 0) = \beta_0 = \frac{1}{2R_sC} \tag{3.2}$$

$$u_i = \hat{U}_i \sin(\omega_i t - \phi_i)$$

Die Lösung (Gleichung 3.3) dieser linearen Differentialgleichung mit harmonischer Anregung wird mit bekannten Lösungsverfahren [33] bestimmt und an dieser Stelle für den Fall einer aufklingenden Schwingung ($\beta^2 < \omega_0^2$) nur angegeben und nicht hergeleitet.

$$u_a(t) = A_{osc}e^{-\beta t}\cos(\omega_{osc}t - \phi_{osc}) + u_{ap}(t) \tag{3.3}$$

Die Kreisfrequenz ω_{osc} der resultierenden Schwingung ist durch den Zusammenhang $\omega_{osc}^2 = \omega_0^2 - \beta^2$ gegeben. Die partikuläre Lösung $u_{ap}(t)$ wird wie folgt berechnet:

$$u_{ap}(t) = 2\hat{U}_i\omega_i\beta_0 \cdot \frac{(\omega_0^2 - \omega_i^2)\cos(\omega_i t - \phi_i) + 2\omega_i\beta\sin(\omega_i t - \phi_i)}{(\omega_0^2 + \omega_i^2)^2 + 4\omega_i^2\beta^2}. \tag{3.4}$$

Die Konstanten A_{osc} und ϕ_{osc} in Gleichung 3.3 müssen aus den Anfangsbedingungen ermittelt werden. Für die Anfangsbedingungen wird vorausgesetzt, dass der Oszillator für die Zeit $t < 0$ ausgeschaltet war und sich im stationären Zustand befindet. Gleichung 3.3 vereinfacht sich mit dieser Annahme zu:

$$u_a(t < 0) = 2\hat{U}_i\omega_i\beta_0 \cdot \frac{(\omega_0^2 - \omega_i^2)\cos(\omega_i t - \phi_i) + 2\omega_i\beta_0\sin(\omega_i t - \phi_i)}{(\omega_0^2 + \omega_i^2)^2 + 4\omega_i^2\beta_0^2}. \tag{3.5}$$

Da die Spannung u_a über der Kapazität C und der Strom durch die Spule L stetig sein müssen, ergeben sich die Anfangsbedingungen wie folgt:

$$u_a(t = 0) = \hat{U}_i \omega_i \beta_0 \cdot \frac{(\omega_0^2 - \omega_i^2)\cos(\phi_i) - 2\omega_i \beta_0 \sin(\phi_i)}{(\omega_0^2 + \omega_i^2)^2 + 4\omega_i^2 \beta_0^2}$$

$$\dot{u}_a(t = 0) = \hat{U}_i \omega_i^2 \beta_0 \cdot \frac{(\omega_0^2 - \omega_i^2)\sin(\phi_i) + 2\omega_i \beta_0 \cos(\phi_i)}{(\omega_0^2 + \omega_i^2)^2 + 4\omega_i^2 \beta_0^2}. \tag{3.6}$$

Durch Gleichsetzen von Gleichung 3.6 mit Gleichung 3.3 und deren Ableitung zum Zeitpunkt $t = 0$ werden die Konstanten A_{osc} und ψ_{osc} bestimmt. Im linearen Modell wächst die Einhüllende der Amplitude des Oszillationssignals exponentiell mit $e^{-\beta t}$ an. Daher ist dieses Modell nicht geeignet, den Verlauf der Einhüllenden zu beschreiben. Hier wird deshalb nur die Phase betrachtet und in Gleichung 3.7 angegeben.

$$\tan(\phi_{osc}) = \frac{\beta}{\omega_{osc}} + \frac{\omega_i}{\omega_{osc}}\tan\left(\phi_i + \arctan\phi_x\right)$$

$$\phi_x = \frac{\left(\omega_0^2 - \omega_i^2\right)^2(\beta_0 - \beta) + 4\omega_i^2(\beta_0\beta^2 - \beta_0^2\beta)}{2\omega_i(\omega_0^2 - \omega_i^2)(\beta^2 - \beta_0^2)} \tag{3.7}$$

An dieser Stelle ist es zweckmäßig die Gütedefinition des Parallelschwingkreises Q_{RLC} und den Entdämpfungsfaktor n einzuführen.

$$Q_{RLC} = R_s\sqrt{\frac{C}{L}}$$

$$n = -\frac{R_s}{R_n}, \tag{3.8}$$

Gleichung 3.7 ergibt sich damit wie folgt.

$$\tan(\phi_{osc}) = \frac{1}{\sqrt{\left(\frac{2Q_{RLC}}{n-1}\right)^2 - 1}} + \frac{\omega_i}{\omega_0}\frac{1}{\sqrt{1 - \left(\frac{n-1}{2Q_{RLC}}\right)^2}}\tan\left(\phi_i + \arctan\phi_x\right) \tag{3.9}$$

In Abbildung 3.2 ist Gleichung 3.9 für einen typischen Fall graphisch dargestellt. Abbildung 3.2 zeigt, dass ein quasi linearer Zusammenhang zwischen der Phase des injizierten Signals und der Phasenlage des Oszillationssignals existiert. Aus der ebenfalls dargestellten Differenz zur idealen Phasenabtastung wird deutlich, dass die Phasenabtastung abhängig von der Phasenlage des Injektionssignals ist. Dieses Verhalten ist nachvollziehbar, da bei einer Abtastung zum Zeitpunkt eines Nulldurchgangs der injizierten Schwingung die Sensitivität höher sein muss als bei einer

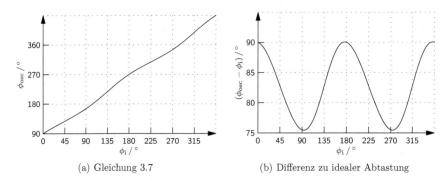

(a) Gleichung 3.7   (b) Differenz zu idealer Abtastung

Abbildung 3.2: Zusammenhang zwischen Phase des Injektionssignals ϕ_i und Phase
der resultierenden Schwingung für $\omega_0 = \omega_i$, $n = 3$ und $Q_{RLC} = 4$.

Abtastung an der Stelle des Maximums. Die Erklärung des Absolutwertes der Differenz ist schwieriger, da man sich dazu vorstellen muss, wie die Schwingung von der
rein injizierten Schwingung in die finale Schwingung übergeht. Je nach Größe des
Entdämpfungsfaktors n variiert die Dauer dieses Übergangs. Damit ist der exak-
te Abtastzeitpunkt verschieden vom eigentlichen Einschaltzeitpunkt des Oszillators
und abhängig von dessen Systemparametern sowie der Frequenz des Injektionssignals. Man kann diese zusätzliche absolute Phasenverschiebung auch als Latenz des
Abtastvorgangs betrachten. Im Folgenden werden für die Beschreibung der Abweichung zur idealen Phasenabtastung nur noch der Mittelwert ($E_{\Delta\phi}$) und die Standardabweichung ($\sigma_{\Delta\phi}$) des Phasenfehlers über einer Periode sowie der maximale
Abstand des Phasenfehlers zum Mittelwert ($E_{\Delta\phi,MAX}$) gemäß Gleichung 3.10 als
Gütekriterien verwendet.

$$E_{\Delta\phi} = \frac{1}{N} \sum_{n=1}^{N} \phi_{osc}(n) - \phi_i(n)$$

$$\sigma_{\Delta\phi} = \sqrt{\frac{1}{N-1} \sum_{n=1}^{N} \left(\phi_{osc}(n) - \phi_i(n) - E_{\Delta\phi}\right)^2} \qquad (3.10)$$

$$E_{\Delta\phi,MAX} = \max(\phi_{osc} - \phi_i - E_{\Delta\phi})$$

Für das in Abbildung 3.2 gezeigte Beispiel ergeben sich damit folgende Parameter
für die Güte der Phasenabtastung: $E_{\Delta\phi} = 82.8°$, $\sigma_{\Delta\phi} = 5.2°$ und $E_{\Delta\phi,MAX} = 7.3°$.

In Abbildung 3.3 ist der Verlauf der Standardabweichung des Phasenfehlers dargestellt. Es wird deutlich, dass für $n \to +1$ oder $Q_{RLC} \to \infty$ der Phasenfehler

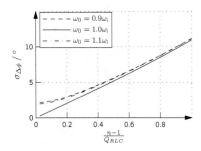

Abbildung 3.3: Standardabweichung des Fehlers der Phasenabtastung $\sigma_{\Delta\phi}$ als Funktion von $\frac{n-1}{Q_{\mathrm{RLC}}}$ für verschiedene Verhältnisse ω_0/ω_i.

minimal ist. Für $\omega_i = \omega_0$ geht er in diesem Fall gegen Null. Der Einfluss der Abweichung der Resonanzkreisfrequenz ω_0 von der Injektionskreisfrequenz ω_i auf den Phasenfehler ist klein und nimmt mit steigendem Faktor $\frac{n-1}{Q_{\mathrm{RLC}}}$ ab. Er ist selbst bei einer Abweichung von 10 % von der Resonanzfrequenz stets kleiner als 2.2°.

Aus der vorangegangenen Untersuchung wird daher abgeleitet, dass ein Oszillator um so genauer mit der Phasenlage des injizierten Signals anschwingt, je geringer der Entdämpfungsfaktor n bzw. je größer die Güte des Parallelresonanzkreises Q_{RLC} ist. Für praktische Realisierungen muss der Entdämpfungsfaktor jedoch hinreichend groß sein, damit der Oszillator schnell genug anschwingt. Außerdem ist die Resonanzkreisgüte begrenzt, da zum einen der Quellwiderstand nicht beliebig erhöht werden kann und zum anderen die Verwendung realer Spulen und Kondensatoren die Resonanzkreisgüte limitiert.

Nichtlineares Model

Das im vorangegangenen Abschnitt gezeigte, lineare Modell des geschalteten Oszillators beschreibt nicht die aussteuerungsabhängige Reduktion des äquivalenten negativen Widerstands R_n, die in realen Implementierungen immer auftritt. Es ist daher zu zeigen, dass die Begrenzung der Verstärkung eines realen Bauelements oder einer realen Schaltung, die zur Erzeugung eines negativen Widerstands verwendet wird, keinen Einfluss auf die Phasenabtastung hat. Des Weiteren ist die Ausgangsleistung für den Entwurf eines Oszillators ein wichtiger Parameter. Die Ausgangsleistung lässt sich jedoch mit dem linearen Modell nicht beschreiben. Daher ist es notwendig, den äquivalenten negativen Widerstand R_n als nichtlineares Element zu modellieren.

Eine in der Praxis häufig verwendete Schaltung auf Basis eines kreuzgekoppelten

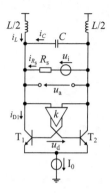

Abbildung 3.4: Realer Oszillator mit kreuzgekoppeltem Differenzpaar und ideal einstellbarem Rückkoppelfaktor

Differenzverstärkers ist in Abbildung 3.4 dargestellt. Darin wurden die Parameter C, L und R_s so gewählt, dass sie den Elementen im linearen Modell (Abbildung 3.1) entsprechen. Es wurde zusätzlich noch ein Rückkoppelverstärker eingefügt, der dafür sorgt, dass der Rückkoppelgrad k frei gewählt werden kann. In einer praktischen Realisierung kann dies beispielsweise durch einen kapazitiven oder resistiven Spannungsteiler geschehen. Auf die Darstellung der notwendigen Arbeitspunkteinstellung der Transistoren T_1 und T_2 wurde aus Gründen der Übersichtlichkeit verzichtet.

Der Oszillator wird allgemein durch das in Gleichung 3.11 angegebene, nichtlineare Differentialgleichungssystem erster Ordnung beschrieben.

$$
\begin{aligned}
i_{D1} &= i_L + i_C + i_{R_s} \\
u_a &= L\frac{\mathrm{d}(i_L)}{\mathrm{d}t}, & i_{R_s} &= \frac{u_a - u_i}{R_s} \\
i_C &= C\frac{\mathrm{d}(u_a)}{\mathrm{d}t}, & i_{D1} &= \frac{I_0}{2}\tanh\left(\frac{ku_a}{2U_T}\right)
\end{aligned}
\tag{3.11}
$$

Der Zusammenhang zur Berechnung des differentiellen Ausgangsstromes des Differenzpaares wurde [34] entnommen. Auf die Angabe des Gleichanteils der Signale wurde der Einfachheit halber verzichtet.

Das Differentialgleichungssystem in Gleichung 3.11 kann in eine nichtlineare Differentialgleichung zweiter Ordnung umgeformt werden:

$$
\ddot{u}_a + 2\left(\beta - \beta_n\tanh^2\frac{ku_a}{2U_T}\right)\cdot\dot{u}_a + \omega_0^2\cdot u_a = 2\beta_0\cdot\dot{u}_i.
\tag{3.12}
$$

Die Parameter β, β_0 und ω_0 sind dabei durch Gleichung 3.2 definiert und R_n sowie

β_n durch:

$$R_n = -\frac{4U_T}{kI_0}$$
$$\beta_n = \frac{1}{2R_nC}.$$

(3.13)

Dabei ist I_0 der Arbeitspunktstrom durch das Differenzpaar im eingeschalteten Zustand sowie U_T die Temperaturspannung. Die nichtlineare Differentialgleichung lässt sich nicht mehr analytisch lösen. Daher wurde das nichtlineare Differentialgleichungssystem mit MATLAB®/SIMULINK® [35] numerisch gelöst. Das dazu verwendete Modell ist in Abbildung 3.5 dargestellt. Die Anfangsbedingungen der Integrato-

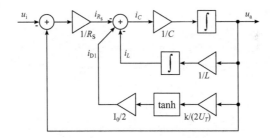

Abbildung 3.5: Modell zur Lösung des nichtlinearen Differentialgleichungssystems nach Gleichung 3.11

ren sind darin gemäß Gleichung 3.6 zu setzen. Mit diesem Modell der nichtlinearen Differentialgleichung 3.12 lässt sich der Zeitverlauf $u_a(t)$ numerisch für beliebige Injektionssignale $u_i(t)$ simulieren. Zur Verifikation des mit dem linearen Modell berechneten Zusammenhangs der Phasendifferenz der resultierenden Schwingung zum Injektionssignal muss zunächst die Phasenlage der resultierenden Schwingung aus dem simulierten Spannungs-Zeitverlauf ermittelt werden. Da jedoch die Frequenz der resultierenden Schwingung nicht genau bekannt ist, sondern wie zum Beispiel in [29] oder [19] beschrieben von der Amplitude des Injektionssignals abhängt, kann die Phasenlage nur geschätzt werden. Dazu werden anhand der Nulldurchgänge von u_a im eingeschwungenen Zustand die Frequenz und die Phase geschätzt. Der Verlauf der Ausgangsspannung u_a über der Zeit ist in Abbildung 3.6 für eine Phasenverschiebung des Injektionssignals von 90° graphisch dargestellt. Man erkennt, dass das

19

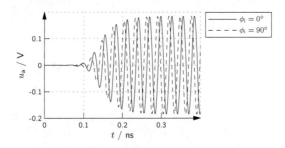

Abbildung 3.6: Simulierter Zeitverlauf der Spannung u_a für verschiedene Phasenlagen des Injektionssignals und $C = 50\,\mathrm{fF}$, $f_\mathrm{i} = f_0 = 35\,\mathrm{GHz}$, $R_\mathrm{s} = 300\,\Omega$, $n = 3$, $k = 1$ und $P_\mathrm{i} = -90\,\mathrm{dBm}$.

Ausgangssignal ebenfalls circa $90°$ phasenverschoben ist.

In Abbildung 3.7 ist die Standardabweichung des Fehlers der Phasenabtastung als Ergebnis der Simulation dem berechneten Fehler nach Gleichung 3.9 gegenübergestellt. Es wird deutlich, dass der berechnete Zusammenhang für kleine Faktoren

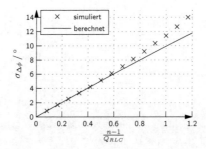

Abbildung 3.7: Standardabweichung des Fehlers der Phasenabtastung $\sigma_{\Delta\phi}$ für $f_\mathrm{i} = f_0$ und $P_\mathrm{i} = -90\,\mathrm{dBm}$ nach Gleichung 3.9 (berechnet) und aus der numerischen Lösung von Gleichung 3.11 (simuliert).

$\frac{n-1}{Q_\mathrm{RLC}}$ sehr gut mit der Simulation übereinstimmt. Bis zu einem Faktor von $\frac{n-1}{Q_\mathrm{RLC}} = 1$ ist die Abweichung stets kleiner als $15\,\%$. Für größere Faktoren nimmt die Abweichung zu. In diesen Fällen schwingt der Oszillator sehr schnell an und damit ist der Bereich sehr kurz in dem sich der Oszillator im linearen Bereich befindet.

Einfluss von Rauschen auf den Anschwingvorgang

In der klassischen Oszillatortheorie wird Rauschen in den meisten Fällen als Amplituden- und Phasenrauschen beschrieben, wobei in praktischen Realisierungen das Phasenrauschen aufgrund der Amplitudenbegrenzung dominant ist. In dem hier untersuchten System spielen jedoch sowohl Phasen- als auch Amplitudenrauschen nur eine untergeordnete Rolle. Vielmehr ist der Einfluss eines Rauschprozesses (z.B. thermisches Widerstandsrauschen) während des Anschwingvorgangs auf die resultierende Phasenlage entscheidend. Dadurch sind auch die existierenden theoretischen Beschreibungen von Rauschvorgängen in Oszillatoren nicht übertragbar. Eine analytische Beschreibung der Rauschvorgänge ist aufgrund der nichtlinearen Eigenschaften und der Dynamik des Systems im Anschaltvorgang nicht möglich. Daher sollen die Zusammenhänge im Folgenden numerisch analysiert werden. Dazu wird die Eingangsspannung im Systemmodell in Abbildung 3.5 um eine additive Rauschspannungsquelle erweitert. Diese Rauschspannungsquelle beschreibt das thermische Widerstandsrauschen als bandbegrenztes weißes Rauschen im Zeitbereich, wobei die Bandbegrenzung durch die Zeitdiskretisierung entsteht. Der Effektivwert der Rauschspannung am Widerstand R_s wird durch Gleichung 3.14 beschrieben.

$$U_{\mathrm{N},R_\mathrm{s}} = \sqrt{4k_\mathrm{B}TR_\mathrm{s}f_\mathrm{s}} \tag{3.14}$$

Dabei ist k_B die Boltzmannkonstante, T die absolute Temperatur und f_s die Abtastfrequenz der Rauschspannungsquelle. Die Verteilungsdichtefunktion der resultierenden Phasenlage ϕ_osc kann durch eine Monte-Carlo-Simulation bestimmt werden. Es zeigt sich, dass die Verteilungsdichtefunktion der resultierenden Phasenlage gut durch eine Normalverteilung beschrieben werden kann. Dabei ist jedoch zu beachten, dass durch den begrenzten Wertebereich der Arkussinus- bzw. Arkuscosinus-Funktion Phasenlagen, die außerhalb des Bereichs $-\pi$ bis π liegen, wieder in diesen Bereich hinein abgebildet werden. Daher geht die Normalverteilung der Phasenlage ϕ_osc für große Streuungen in eine Gleichverteilung im Wertebereich über. Dieser Zusammenhang zwischen der Standardabweichung der wertebereichsbegrenzten $(\sigma_{\phi_\mathrm{osc,lim}})$ und unbegrenzten $(\sigma_{\phi_\mathrm{osc}})$ Phasenlage ist in Abbildung 3.8(b) dargestellt. Die Standardabweichung der ursprünglichen Normalverteilung wird damit aus der mit der Monte-Carlo-Simulation (MCS) bestimmten Verteilungsdichtefunktion zurückgerechnet. Die Wahrscheinlichkeitsdichte ist für einen simulierten Fall in Abbildung 3.8(a) exemplarisch dargestellt. Dabei wird die ermittelte Phasenlage auf die Phasenlage $\phi_\mathrm{osc,ref}$ der rauschfreien Simulation bezogen. Dafür wird zunächst die Standardabweichung $\sigma_{\phi_\mathrm{osc,lim}}$ von ϕ_osc aus der Monte-Carlo-Simulation (MCS) ermit-

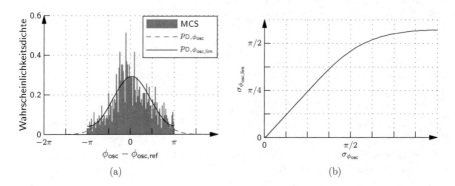

(a) (b)

Abbildung 3.8: Simulierte Wahrscheinlichkeitsdichte von ϕ_{osc} (a) aus der MCS und die daraus geschätzte ($p_{\mathrm{D},\phi_{\mathrm{osc,lim}}}$) und zurückgerechnete ($p_{\mathrm{D},\phi_{\mathrm{osc}}}$) Verteilungsdichtefunktion sowie der Zusammenhang zwischen der Standardabweichung der wertebereichsbegrenzten ($\sigma_{\phi_{\mathrm{osc,lim}}}$) und der nicht wertebereichsbegrenzten ($\sigma_{\phi_{\mathrm{osc}}}$) Wahrscheinlichkeitsdichte.

telt. Mit Hilfe des in Abbildung 3.8(b) dargestellten Zusammenhangs wird diese in die Standardabweichung $\sigma_{\phi_{\mathrm{osc}}}$ der wertebereichsunbegrenzten Verteilung umgerechnet.

In Abbildung 3.9 ist die, auf diese Weise ermittelte, Standardabweichung $\sigma_{\phi_{\mathrm{osc}}}$ für verschiedene Eingangsleistungen und Resonanzkreisgüten dargestellt. Die Standardabweichung der Normalverteilung der Phasenlage nimmt mit abnehmender Injektionsleistung dB-linear zu. Für nachfolgende Untersuchungen wurde daraus ein dB-lineares Modell (Gleichung 3.15) abgeleitet.

$$\sigma_{\phi_{\mathrm{osc}}} = \begin{cases} \frac{10}{4\pi} \log_{10} \frac{10}{P_{\mathrm{i}}/P_N}, & P_{\mathrm{i}} < 10P_N \\ 0, & P_{\mathrm{i}} \geq 10P_N \end{cases}$$

$$P_N = \frac{4k_\mathrm{B}Tf_0}{Q_{\mathrm{RLC}}} \tag{3.15}$$

Darin beschreibt P_N die effektive Rauschleistung des Widerstands R_s über der Bandbreite des Parallelresonanzkreises. Gleichung 3.15 zeigt, dass die Zunahme der Standardabweichung von $\sigma_{\phi_{\mathrm{osc}}}$ im Wesentlichen vom Verhältnis der Injektionsleistung P_i zur Rauschleistung P_N abhängt. Für $P_\mathrm{i} \geq 10P_N$ ist die Phasenabtastung damit näherungsweise unabhängig vom thermischen Rauschen des Widerstandes R_s. Dieses Modell ist insofern plausibel, da es mit der Vorstellung übereinstimmt, dass die

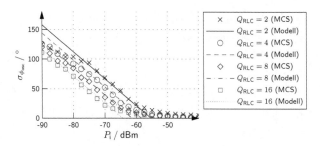

Abbildung 3.9: Standardabweichung $\sigma_{\phi_{\mathrm{osc}}}$ für unterschiedliche Resonanzkreisgüten Q_{RLC} in Abhängigkeit der Eingangsleistung P_i. Die mit (MCS) gekennzeichneten Kurven wurden aus der Monte-Carlo-Simulation bestimmt und die mit (Modell) gekennzeichneten Kurven stellen den Verlauf von Gleichung 3.15 dar.

Phasenabtastung eines verrauschten Signals ab einem bestimmten Signal-Rausch-Verhältnis praktisch unabhängig von der Injektionsleistung sein sollte. Für niedrige Signal-Rausch-Verhältnisse entsteht dennoch stets eine vom Injektionssignal verursachte Vorzugslage der finalen Oszillationsphase, die statistisch betrachtet mit abnehmendem Signal-Rausch-Verhältnis schlechter wird. In weiteren Monte-Carlo-Simulationen konnte gezeigt werden, dass es keinen Unterschied gibt, ob Q_{RLC} durch R_{s} oder den Faktor $\sqrt{\frac{C}{L}}$ variiert wird. Außerdem zeigt sich, dass die statistische Beschreibung der Phasenabtastung eines verrauschten Injektionssignals unabhängig von der Wahl des Entdämpfungsfaktors n und des Rückkoppelfaktors k ist.

3.2.2 Ausgangsleistung

Die Ausgangsleistung eines Oszillators ist ein wichtiger Systemparameter. Allerdings kann der zeitliche Verlauf der Einhüllenden der resultierenden Schwingung nicht allgemeingültig als Funktion der Systemparameter berechnet werden. Für den in Abbildung 3.4 dargestellten Oszillator ergibt sich der Maximalwert der Einhüllenden aus der Leistungsbilanz über einer Periode. Mit der Näherung, dass der differentielle Strom durch das Differenzpaar einer Rechteckfunktion folgt und der Annahme, dass die Ausgangsspannung u_{a} sinusförmig ist, wird die Verlustleistung $P_{R_{\mathrm{s}}}$ an R_{s} wie folgt berechnet:

$$P_{R_{\mathrm{s}}} = \frac{1}{T} \int\limits_{(T)} u_{\mathrm{a}} i_{R_{\mathrm{s}}} \, \mathrm{d}t = \frac{\hat{U}_{\mathrm{a}}^2}{2R_{\mathrm{s}}}. \tag{3.16}$$

23

Die durch die aktive Schaltung dem Schwingkreis zugeführte Leistung P_{zu} wird, für einen rechteckförmigen Strom i_{D1}, gemäß Gleichung 3.17 bestimmt.

$$P_{zu} = \frac{1}{T} \int_{(T)} u_a i_{D1} \, dt = \frac{\hat{U}_a I_0}{\pi} \tag{3.17}$$

Im stationären Zustand sind beide Leistungen gleich groß $P_{zu} = P_{R_s}$ und man erhält die Ausgangsspannungsamplitude:

$$\hat{U}_a = \frac{2}{\pi} R_s I_0 = \frac{8 U_T}{\pi} \frac{n}{k}. \tag{3.18}$$

Der Verlauf der berechneten Ausgangsspannungsamplitude $\hat{U}_a$ verglichen mit der si-

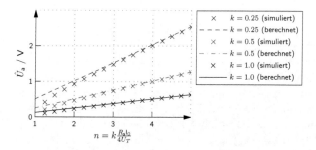

Abbildung 3.10: Vergleich der simulierten Ausgangsspannungsamplitude $\hat{U}_a$ eines realen Oszillators nach Abbildung 3.4 mit Gleichung 3.18.

mulierten ist in Abbildung 3.10 dargestellt. Die Ausgangsspannungsamplitude steigt linear mit dem Entdämpfungsfaktor n und indirekt proportional mit dem Rückkoppelfaktor k. Für $n > 2$ wird die Abhängigkeit der Ausgangsspannungsamplitude vom Entdämpfungsfaktor n sehr gut durch Gleichung 3.18 beschrieben. Für kleinere Entdämpfungsfaktoren stimmt die rechteckförmige Näherung des Stromverlaufs durch das Differenzpaar nicht mehr und man überschätzt dadurch die Ausgangsspannungsamplitude leicht.

Der im realen Oszillatormodell eingeführte Rückkoppelfaktor k bietet somit einen zusätzlichen Freiheitsgrad, um die Ausgangsleistung eines Oszillators und den Entdämpfungsfaktor n unabhängig einstellen zu können. Damit wird der gesuchte Kompromiss zwischen Ausgangsleistung, Phasenabtastverhalten und Anschwingzeit wesentlich vereinfacht.

3.2.3 Anschwingzeit

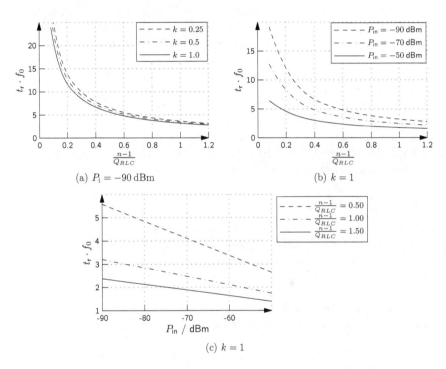

(a) $P_i = -90\,\mathrm{dBm}$

(b) $k = 1$

(c) $k = 1$

Abbildung 3.11: Anschwingzeit t_r eines realen Oszillators nach Abbildung 3.4 als Vielfaches der Periodendauer der Resonanzfrequenz f_0 des Parallelschwingkreises.

Die Anschwingzeit eines realen Oszillators (Abbildung 3.4) ist ebenfalls ein wichtiger Systemparameter, da sie die Einschaltdauer eines geschalteten Oszillators reduziert. Für die dieser Arbeit zugrunde liegende Anwendung spielt sie dennoch eine untergeordnete Rolle. Daher wird an dieser Stelle darauf verzichtet, die in der

Literatur (z.B. in [36]) beschriebenen analytischen Ansätze zur Berechnung der Anschwingzeit wiederzugeben. Vielmehr werden die wesentlichen Zusammenhänge im
Folgenden numerisch analysiert.

Die Anschwingzeit wird nachfolgend als die Zeit t_r definiert, bei der die Einhüllende der aufklingenden Schwingung 50 % des Endwertes $\hat{U}_a$ erreicht hat. In Abbildung
3.11(a) und 3.11(b) ist das Produkt aus Anschwingzeit t_r und Resonanzfrequenz
f_0 des Parallelschwingkreises dargestellt. Dieses Produkt $t_r \cdot f_0$ entspricht dabei
der Anzahl der Perioden von f_0 die der Oszillator benötigt, um 50 % seiner Ausgangsspannungsamplitude zu erreichen. Die Anschwingzeit nimmt mit steigendem
Quotienten $\frac{n-1}{Q_{RLC}}$ ab, ist näherungsweise unabhängig vom Rückkoppelfaktor k und
kann daher gut durch die Wahl von n und Q_{RLC} eingestellt werden. Weiterhin ist
die Anschwingzeit eine Funktion der Injektionsleistung. Mit steigender Injektionsleistung P_i sinkt die Anschwingzeit dB-linear (Abbildung 3.11(c)). Zu beachten ist,
dass die Zunahme der Anschwingzeit für niedrige Injektionsleistungen durch Rauschen begrenzt wird. Das heißt, sobald der Effektivwert der Rauschspannung größer
ist als die Injektionsleistung, wird die Anschwingzeit mit weiter sinkender Injektionsleistung quasi nicht mehr abnehmen.

3.2.4 Ausschaltzeit

Die Ausschaltzeit t_r eines geschalteten Oszillators ist die Zeit, in der die Amplitude
der Schwingung am Resonanzkreis nach dem Abschalten des Oszillator auf einen
Wert abgeklungen ist, der mindestens um den Faktor 10 kleiner ist als die Amplitude
des Injektionssignals. Damit wird sichergestellt, dass für die Phasenabtastung des
nachfolgenden Pulses die Phasenlage des injizierten Signals und nicht die Phase
des vorangegangenen Abtastvorgangs bestimmend ist. Die Ausschaltzeit limitiert
somit die maximal mögliche Schaltfrequenz eines zur Phasenabtastung genutzten
geschalteten Oszillators.

Die Ausschaltzeit wird direkt aus der Einhüllenden der homogenen Lösung von
Gleichung 3.3 berechnet.

$$\frac{1}{10}\hat{U}_i = \hat{U}_a e^{-\beta_0 t_f} = \frac{8U_T}{\pi}\frac{n}{k}e^{-\beta t_f} \tag{3.19}$$

Dabei ist $\hat{U}_i$ der Spitzenwert der injizierten Spannung am Parallelresonanzkreis auf
den der Oszillator nach Ablauf der Ausschaltzeit wieder anschwingen soll. Nach
obiger Definition muss die Schwingung am Resonator daher auf ein Zehntel von $\hat{U}_i$

abgefallen sein. Damit ergibt sich folgender Zusammenhang für die Ausschaltzeit.

$$t_f = \frac{1}{\beta_0} \ln \left(\frac{10 \hat{U}_a}{\sqrt{2 R_s P_i}} \right) = \frac{1}{\beta_0} \ln \left(\frac{10}{\sqrt{2 R_s P_i}} \frac{8 U_T n}{\pi k} \right) \tag{3.20}$$

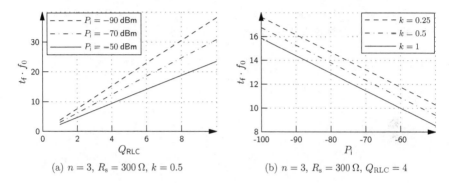

(a) $n = 3$, $R_s = 300\,\Omega$, $k = 0.5$ (b) $n = 3$, $R_s = 300\,\Omega$, $Q_{RLC} = 4$

Abbildung 3.12: Ausschaltzeitzeit t_f eines realen Oszillators nach Abbildung 3.4 als Vielfaches der Periodendauer der Resonanzfrequenz f_0 des Parallel-schwingkreises gemäß Gleichung 3.20.

In Abbildung 3.12(a) und (b) ist die Ausschaltzeit als Vielfaches der Periodendauer der Resonanzfrequenz des Parallelschwingkreises dargestellt. Man erkennt, dass die Ausschaltzeit mit steigender Güte, abnehmendem Rückkoppelgrad sowie zunehmender Eingangssensitivität für die Folgeabtastung (P_i) ansteigt.

3.3 Charakterisierung eines regenerativen Verstärkers

3.3.1 Ideal phasenabtastender regenerativer Verstärker

Zunächst wird hier die Anregung eines geschalteten Oszillators mit einem Sinussignal gemäß Gleichung 3.21 betrachtet.

$$u_i(t) = \hat{U}_i \cos(\omega_i t) \tag{3.21}$$

Dabei wird ein ideal phasenabtastender Oszillator angenommen. Das heißt der Oszillator schwingt ab dem Einschaltzeitpunkt t_n mit voller Amplitude $\hat{U}_a$ für die Dauer T_{on} und anschließend ist die Amplitude bis zum nächsten Abtastzeitpunkt t_{n+1} gleich Null. Die Startphase der Oszillation $\phi_n = \sphericalangle(u_i(t_n))$ wird ausschließlich durch die Phasenlage des anregenden Signals zum Zeitpunkt t_n bestimmt. Die Abtastung wiederholt sich mit der Frequenz $f_{mod} = \frac{1}{T_{mod}}$.

Durch die verwendete Definition der Rechteckfunktion nach Gleichung A.3 ist eine Verschiebung des Abtastzeitpunkts t_n um $\frac{T_{on}}{2}$ zweckmäßig. Damit ergibt sich das Zeitsignal des Oszillators entsprechend Gleichung 3.22.

$$u_a(t) = \sum_{n=-\infty}^{\infty} \hat{U}_a \cos\left(2\pi f_{osc}\left(t - nT_{mod} + \frac{T_{on}}{2}\right) + \phi_n\right) \cdot \text{rect}\left(\frac{t - nT_{mod}}{T_{on}}\right)$$
$$\phi_n = 2\pi f_i \left(nT_{mod} - \frac{T_{on}}{2}\right) \tag{3.22}$$

Die Fouriertransformierte dieses Signals ist in Gleichung 3.23 angegeben.

$$U_a(f) = \hat{U}_a \sum_{n=-\infty}^{\infty} \left[\frac{1}{2}e^{j2\pi\left(nT_{mod} - \frac{T_{on}}{2}\right)(f_i - f_{osc})}\delta(f - f_{osc})\right] * \left[T_{on}\text{sinc}(fT_{on})e^{-j2\pi fnT_{mod}}\right]$$
$$+ \sum_{n=-\infty}^{\infty} \left[\frac{1}{2}e^{-j2\pi\left(nT_{mod} - \frac{T_{on}}{2}\right)(f_i - f_{osc})}\delta(f + f_{osc})\right] * \left[T_{on}\text{sinc}(fT_{on})e^{-j2\pi fnT_{mod}}\right]$$

$$\tag{3.23}$$

Dabei ist die in Gleichung A.4 definierte sinc-Funktion die Fouriertransformierte der Rechteckfunktion. Mit der Verschiebungseigenschaft der Dirac-Distribution $\delta(x-a)*g(x) = g(x - a)$ ergibt sich Gleichung 3.24.

$$U_a(f) = \frac{\hat{U}_a T_{on}}{2}\text{sinc}\left[T_{on}(f - f_{osc})\right] \cdot e^{-j2\pi(f_i - f_{osc})\frac{T_{on}}{2}} \sum_{n=-\infty}^{\infty} e^{-j2\pi nT_{mod}(f - f_i)}$$
$$+ \frac{\hat{U}_a T_{on}}{2}\text{sinc}\left[T_{on}(f + f_{osc})\right] \cdot e^{j2\pi(f_i + f_{osc})\frac{T_{on}}{2}} \sum_{n=-\infty}^{\infty} e^{-j2\pi nT_{mod}(f + f_i)}$$

$$\tag{3.24}$$

Die Summe in Gleichung 3.24 konvergiert zu einer Dirac-Kammfunktion, die im Allgemeinen als Schah-Funktion Ш bezeichnet wird. Dadurch geht das Dichtespektrum für $U_a(f)$ in ein Linienspektrum über und es ergibt sich das Amplitudenspektrum der Antwort eines idealen geschalteten Oszillators mit einer sinusförmigen Anregung analog Gleichung 3.25.

$$|U_a(f)| = \frac{\hat{U}_a}{2} \cdot \frac{T_{on}}{T_{mod}} \cdot |\text{sinc}\,[T_{on}(f - f_{osc})]| \cdot \text{III}\,[T_{mod}(f - f_i)]$$

$$+ \frac{\hat{U}_a}{2} \cdot \frac{T_{on}}{T_{mod}} \cdot |\text{sinc}\,[T_{on}(f + f_{osc})]| \cdot \text{III}\,[T_{mod}(f + f_i)] \qquad (3.25)$$

$$|U_a(f^+)| \approx \hat{U}_a \cdot \frac{T_{on}}{T_{mod}} \cdot |\text{sinc}\,[T_{on}(f - f_{osc})]| \cdot \text{III}\,[T_{mod}(f - f_i)]$$

Der Term $|U_a(f^+)|$ beschreibt darin das technisch messbare Amplitudenspektrum,

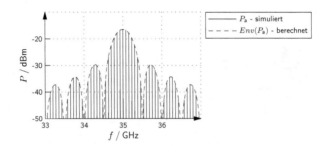

Abbildung 3.13: Leistungsspektrum von $U_a(f^+)$ basierend auf der numerischen Lösung (simuliert) von Gleichung 3.22 sowie die Einhüllende der Dirac-Kammfunktion (berechnet) nach Gleichung 3.25 für $\hat{U}_a = 775\text{mV}$ (0dBm an 300Ω), $f_i = 34.925\text{GHz}$, $f_{osc} = 35\text{GHz}$, $T_{on} = 2\text{ns}$ und $f_{mod} = 75\,\text{MHz}$.

dass durch die Operation $U_a(f^+) = U_a(f)|_{f>0} + U_a(-f)|_{f<0}$ gebildet wird. Das Amplitudenspektrum ist ein Linienspektrum, dass nur bei den Frequenzen $f_i + nf_{mod}$ Werte ungleich Null enthält. Das heißt das Linienspektrum folgt der anregenden Frequenz. Die Einhüllende entspricht der Spaltfunktion, die um die Eigenoszillationsfrequenz des Oszillators zentriert ist. Der Spitzenwert dieser ist proportional zum Tastverhältnis des Schaltsignals.

Die numerische Lösung der Fouriertransformation von Gleichung 3.22 ist zur besseren Vorstellung in Abbildung 3.13 für einen ausgewählten Fall dargestellt. Es wird deutlich, dass die mit Gleichung 3.25 berechnete Einhüllende sowie die Lage der Dirac-Kammfunktion exakt mit der numerischen Lösung übereinstimmt.

29

3.3.2 Einfluss von Abtastfehlern

Systematische Fehler

Der wichtigste und daher hier ausschließlich betrachtete systematische Fehler der Phasenabtastung ist die injektionsphasenabhängige Oszillationsphasenlage, deren Ursache im Abschnitt 3.2.1 genauer analysiert wurde. Eine analytische Betrachtung wie im vorangegangenen Abschnitt ist aufgrund der Komplexität von Gleichung 3.9 nicht zielführend. Daher wird der Einfluss des systematischen Abtastfehlers numerisch analysiert. Dazu wird in Gleichung 3.22 der Term $\phi_n = \phi_{osc}(n \cdot T_{mod})$, aus dem Zusammenhang von ϕ_{osc} zu ϕ_i aus Gleichung 3.9 für jeden Abtastzeitpunkt berechnet und die Fouriertransformierte von $u_a(t)$ numerisch bestimmt. In Abbildung

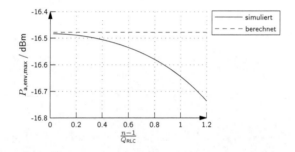

Abbildung 3.14: Spitzenwert der Einhüllenden des Leistungsspektrums von P_a für $\hat{U}_a = 775$ mV (0 dBm an 300 Ω), $f_i = 34.925$ GHz, $f_{osc} = 35$ GHz, $T_{on} = 2$ ns und $f_{mod} = 75$ MHz.

3.14 ist der Spitzenwert der Einhüllenden in Abhängigkeit des Faktors $\frac{n-1}{Q_{RLC}}$ dargestellt. Für in integrierten Schaltungen praktisch relevante Werte von $\frac{n-1}{Q_{RLC}} < 1.2$ ist die Signalleistungsreduktion des phasenkohärenten Signals kleiner als 0.26 dB. Daher ist der Einfluss der injektionsphasenabhängigen Oszillationsphasenlage für die Anwendung des geschalteten Oszillators in dem im Abschnitt 3.4 beschriebenen Abstandsmesssystem nur von untergeordneter Bedeutung.

Zufällige Fehler

Im Folgenden wird der Einfluss des im Abschnitt 3.2.1 beschriebenen zufälligen Abtastfehlers auf das Leistungsspektrum eines sinusförmig angeregten geschalteten

Oszillators untersucht. Dazu wird in Gleichung 3.22 der Term ϕ_n um einen normalverteilten zufälligen Fehler mit der Standardabweichung aus Gleichung 3.15 und einem Mittelwert von Null erweitert und die Fouriertransformierte von $u_a(t)$ numerisch berechnet. In Abbildung 3.15(a) und 3.15(b) ist das Leistungsspektrum für $P_i = -50\,\text{dBm} > 10P_N$ und $P_i = -80\,\text{dBm} < 10P_N$ dargestellt. Aus den Spektren wird deutlich, dass das thermische Rauschen dazu führt, das die Leistung des phasenkohärenten Signals abnimmt. Die Differenz der phasenkohärenten Signalleistung zur konstanten Ausgangsleistung des geschalteten Oszillators wird als sogenannter Rausch-sinc im Spektrum sichtbar. Das heißt, es werden spektrale Komponenten der phasenunkorrelierten Signalanteile (Rauschen) sichtbar, die durch das nach wie vor vorhandene Schaltsignal ebenfalls mit der sinc-förmigen Einhüllenden spektral geformt sind. Für den Fall, dass kein Injektionssignal anliegt, ist die gesamte Ausgangsleistung des geschalteten Oszillators im Spektrum als phasenunkorrelierter Signalanteil sichtbar. Dies wird durch Gleichung 3.26 mathematisch beschrieben und ist in Abbildung 3.15(c) graphisch dargestellt.

$$\left|U_a(f^+)\right|_{P_i=0} = \frac{T_{\text{on}}}{T_{\text{mod}}}\hat{U}_a \left|\text{sinc}\left[T_{\text{on}}(f - f_{\text{osc}})\right]\right| \frac{1}{\sqrt{T_r f_{\text{mod}}}} \tag{3.26}$$

Diese Verschiebung von phasenkohärenter Signalleistung zu Rauschleistung wurde in Abhängigkeit der injizierten Signalleistung untersucht. In Abbildung 3.16 ist die Abnahme der phasenkohärenten Signalleistung mit sinkender Injektionsleistung dargestellt. Dabei wurde der Spitzenwert der, durch die vorgegebene Oszillationsfrequenz f_{osc}, bekannten Einhüllenden des phasenkohärenten Signals als Funktionswert des Leitungsbetragsspektrums bei f_{osc} ermittelt. Für Injektionsleistungen oberhalb der effektiven Rauschleistung P_N weicht der phasenkohärente Anteil der Ausgangsleistung weniger als 3 dB vom theoretisch erreichbaren Wert aus Gleichung 3.25 ab. Unterhalb der effektiven Rauschleistung P_N nimmt der phasenkohärente Anteil direkt proportional mit dem Verhältnis von Injektionsleistung P_i zur Rauschleistung P_N ab. Dieses Verhalten wird durch Gleichung 3.27 approximiert.

$$P_{a,\text{env,max}} = \begin{cases} \left(\frac{T_{\text{on}}}{T_{\text{mod}}}\right)^2 \frac{\hat{U}_a^2}{2R_s} \frac{P_i}{P_N}, & P_i < P_N \\ \left(\frac{T_{\text{on}}}{T_{\text{mod}}}\right)^2 \frac{\hat{U}_a^2}{2R_s}, & P_i \geq P_N \end{cases}$$
$$P_N = \frac{4k_B T f_{\text{osc}}}{Q_{\text{RLC}}} \tag{3.27}$$

Die Abweichungen zu diesem linearen Zusammenhang für sehr kleine Injektionsleistungen und den damit verbundenen kleineren Ausgangsleistungen ($P_{a,\text{env,max}} <$

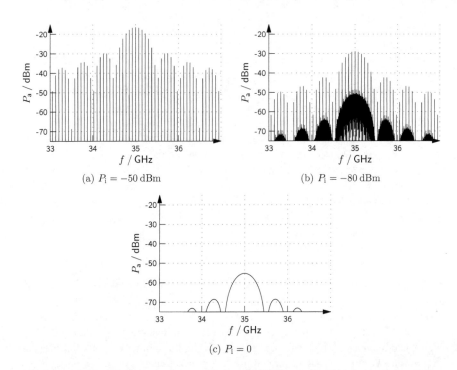

(a) $P_i = -50\,\mathrm{dBm}$ (b) $P_i = -80\,\mathrm{dBm}$

(c) $P_i = 0$

Abbildung 3.15: Leistungsspektrum ($\Delta f = 10$ kHz) von $U_a(f^+)$ basierend auf der numerischen Lösung von (3.22) inklusive thermischen Rauschens für $\hat{U}_a = 775\,\mathrm{mV}$ (0 dBm an 300 Ω), $f_i = 34.925\,\mathrm{GHz}$, $f_{\mathrm{osc}} = 35\,\mathrm{GHz}$, $T_{\mathrm{on}} = 2$ ns, $f_{\mathrm{mod}} = 75$ MHz und $Q_{\mathrm{RLC}} = 4$.

-30dBm) sind unzureichender Rechengenauigkeit geschuldet. Durch die stark unterschiedlichen Systemzeitkonstanten von f_{osc} und f_{mod} ist die Länge t_{ges} des zu berechnenden Signalvektors von $u_a(t)$ und die damit verbundenen Genauigkeit der Rauschbeiträge durch die Rechenzeit und den Arbeitsspeicher des verwendeten PCs limitiert. Mit der in der Simulation verwendeten Frequenzauflösung von 10 kHz ergibt sich ein Spitzenwert des idealen Rausch-sinc gemäß Gleichung 3.26 von $-55.2\,\mathrm{dBm}$. Es ist daher plausibel, dass die phasenkohärente Signalleistung im Bereich von -45dBm bis -30dBm bereits durch das Rauschen beeinflusst wird. Zudem kann aus dieser Betrachtung direkt eine untere Messbarkeitsgrenze $P_{i,\mathrm{min}}$ für die Sensitivität der Phasenabtastung abgeleitet werden. Diese ist erreicht, wenn der Spitzenwert der

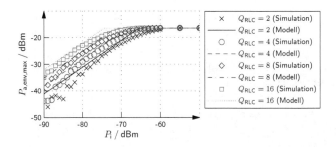

Abbildung 3.16: Spitzenwert der Einhüllenden des Leistungsspektrums von $|P_a|$ basierend auf der numerischen Lösung von Gleichung 3.22 inklusive thermischen Rauschens (Simulation) sowie nach Gleichung 3.27 (Modell) für $\hat{U}_a = 775$ mV (0 dBm an 300 Ω), $f_i = 34.925$ GHz, $f_{osc} = 35$ GHz, $T_{on} = 2$ ns und $f_{mod} = 75$ MHz.

phasenkohärenten Leistung $P_{a,env,max}$ auf den Spitzenwert des idealen Rausch-sinc abgesunken ist.

$$P_{i,min} = P_N \frac{1}{f_{mod} t_{ges}} = \frac{4k_B T f_0}{Q_{RLC}} \frac{1}{f_{mod} t_{ges}} \quad (3.28)$$

In diesem Fall ist t_{ges} die Messzeit, die im jeweiligen Messsystem verwendet wird.

Weiterhin ist in Abbildung 3.16 zu sehen, dass das Abknicken der phasenkohärenten Ausgangsleistung direkt mit der effektiven Rauschleistung und damit ausschließlich mit der Bandbreite bzw. dem Verhältnis zwischen der Resonanzfrequenz und der Güte des Parallelschwingkreises korreliert. Eine Verdopplung der Güte des Parallelschwingkreises erhöht damit die Sensitivität der Phasenabtastung bezogen auf die injizierte Signalleistung um 3 dB. Außerdem wird daraus geschlussfolgert, dass die Wahl der Betriebsfrequenz des Oszillators f_{osc} bei konstant angenommener Güte einen signifikanten Einfluss auf die erreichbare Sensitivität hat. Eine um eine Dekade höhere Betriebsfrequenz vermindert somit die theoretisch erreichbare Sensitivität um 10 dB.

3.3.3 Methodik zur Charakterisierung eines regenerativen Verstärkers

Basierend auf der im vorangegangenen Abschnitt beschriebenen Theorie wird eine Charakterisierungsmethode für einen geschalteten Oszillator abgeleitet.

Dazu wird ein mit $f_{mod,m}$ geschalteter Oszillator mit einem Sinussignal der Frequenz f_i und der Leistung P_i angeregt und dessen Ausgangsspektrum gemessen. Aus der Breite der Hauptkeule der Einhüllenden der Dirac-Kammfunktion B_{HK} im Spektrum wird die effektive Pulsweite $T_{on,m} = 2/B_{HK}$ (Anschwingzeit) bestimmt. Aus dem Abszissenwert des Maximums der Hauptkeule der Einhüllenden wird die Oszillationsfrequenz f_{osc} ermittelt.

Des Weiteren werden die Spektren für verschiedene Injektionsleistungen P_i gemessen. Aus diesen Spektren wird der Spitzenwert der Einhüllenden $P_{a,env,max}$ als Funktion von P_i bestimmt. Aus dem Abszissenwert des Schnittpunktes der Extrapolation des linear mit P_i ansteigenden Bereichs von $P_{a,env,max}$ mit dem Maximalwert von $P_{a,env,max}$ wird die effektive eingangsbezogene Rauschleistung $P_{i,N}$ bestimmt. Der Ordinatenwert des Schnittpunktes charakterisiert die maximale phasenkohärente Ausgangsleistung $P_{o,N}$ des geschalteten Oszillators für das zur Messung gewählte Tastverhältnis $T_{on,m} \cdot f_{mod,m}$. In Abbildung 3.17 ist diese Methodik für einen ausgewählten Fall graphisch visualisiert.

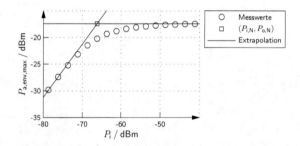

Abbildung 3.17: Graphische Darstellung der Methode zum Bestimmen der eingangsbezogenen Rauschleistung $P_{i,N}$ und der maximalen phasenkohärenten Ausgangsleistung $P_{o,N}$ aus dem gemessenen Zusammenhang von $P_{a,env,max}$ und P_i.

Das phasenkohärente Leistungsspektrum eines geschalteten Oszillators wird für beliebige Tastverhältnisse $T_{on} \cdot f_{mod}$ analog zu Gleichung 3.27 wie folgt approximiert.

$$P_a(f^+) \approx P_{a,env,max} \frac{T_{on} \cdot f_{mod}}{T_{on,m} \cdot f_{mod,m}} \cdot |\text{sinc}\,[T_{on}(f - f_{osc})]| \cdot \text{III}\,[T_{mod}(f - f_i)]$$

$$P_{a,env,max} = \begin{cases} P_i - P_{i,N} + P_{o,N}, & P_i < P_{i,N} \\ P_{o,N}, & P_i \geq P_{i,N} \end{cases}$$

$$(3.29)$$

Die effektive eingangsbezogene Rauschleistung $P_{i,N}$ und die maximale phasen-kohärente Ausgangsleistung $P_{o,N}$ für ein bekanntes Tastverhältnis $(T_{on,m} \cdot f_{mod,m})$ charakterisieren somit das injektionsleistungsabhängige Verhalten eines geschalteten Oszillators in Bezug auf die Phasenabtastung. Mit dieser Methode können somit die Parameter eines SILO-Modells für eine verbesserte Systemmodellierung bestimmt werden.

3.4 Systembeschreibung

Im folgenden Abschnitt wird das zur Abstandsmessung verwendete Grundprinzip [1, 2] gezeigt und mit den Parametern des geschalteten Oszillators in Zusammenhang gebracht. Dazu ist es notwendig, das in [3] für ein FSCW-Radarsystem (***Frequency-Step-Continuous-Wave***) hergeleitete Funktionsprinzip auf das hier verwendete FM-CW-Radarsystem anzuwenden.

Wenn nicht explizit anders definiert, sind im Folgenden alle Zeitsignale harmonische Spannungssignale, deren Amplitude stets bezogen auf die Referenzimpedanz von $R_{ref} = 50\ \Omega$ am jeweiligen Punkt x im System der Leistung $P_x = \frac{\hat{U}_x^2}{2 \cdot R_{ref}}$ entspricht. Weiterhin wird stets eine ideale Anpassung vorausgesetzt. Damit entspricht die Spannungsverstärkung der Wurzel der Leistungsverstärkung des jeweiligen Bauelements.

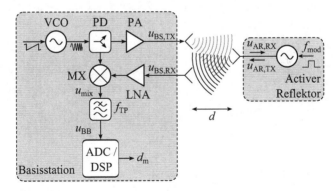

Abbildung 3.18: Systemkonzept des FMCW-Sekundärradarsystems mit einem aktiven Reflektor

Das zu untersuchende Abstandsmesssystem basiert auf dem in Abbildung 3.18 dargestellten Konzept. In diesem wird durch einen spannungsgesteuerten Oszillator (VCO) ein linear frequenzmoduliertes Signal erzeugt. Dieses wird über einen Leistungsteiler (PD) und einen Leistungsverstärker an die Sendeantenne geführt und mit $u_{BS,TX}(t)$ mathematisch beschrieben.

$$u_{BS,TX}(t) = \hat{U}_{BS,TX} \cos\left(\omega_0 t + \pi\mu t^2\right) \tag{3.30}$$

Darin ist $\omega_0 = 2\pi f_0$ die Startfrequenz, $\mu = \frac{B_r}{T_r}$ der Gradient, B_r die Bandbreite und T_r die Rampendauer des linear frequenzmodulierten Rampensignals analog zu Abbildung 2.2 sowie $\hat{U}_{BS,TX}$ die Amplitude des zu sendenden Spannungssignals. Am Reflektor wird dieses Signal durch die Freiraumausbreitung $F_{L,d}$ nach Gleichung A.1 gedämpft und um die Signallaufzeit $\tau = \frac{d}{c}$ verzögert empfangen. Dabei ist d der Abstand zwischen Basisstation und Reflektor sowie c die Lichtgeschwindigkeit.

$$u_{AR,RX}(t) = \hat{U}_{AR,RX} \cos\left(\omega_0(t - \tau) + \pi\mu(t - \tau)^2\right)$$
$$\hat{U}_{AR,RX} = \frac{1}{\sqrt{G_{A,BS} F_{L,d} G_{A,AR} \left(1 - |\Gamma_{in,AR}|^2\right)}} \hat{U}_{BS,TX} \tag{3.31}$$

In Gleichung 3.31 ist $G_{A,BS}$ der signalleistungsbezogene Antennengewinn der Antennen der Basisstation und $G_{A,AR}$ der Antennengewinn der Antenne am aktiven Reflektor. Des Weiteren muss an dieser Stelle der Eingangsreflexionsfaktor $\Gamma_{in,AR}$ berücksichtigt werden, da für den aktiven Reflektor die Anpassungsbedingung nicht gelten muss.

Im Folgenden wird der aktive Reflektor wiederum als ideal abtastender Oszillator beschrieben. Damit ergibt sich analog zu Gleichung 3.22 folgende Reflektorantwort:

$$u_{AR,TX}(t) = \sum_{n=-\infty}^{\infty} \hat{U}_{AR,TX} \cos\left[\omega_{osc}\left(t - nT_{mod} + \frac{T_{on}}{2}\right) + \phi_n\right] \cdot \text{rect}\left(\frac{t - nT_{mod}}{T_{on}}\right)$$
$$\phi_n = \omega_0\left(nT_{mod} - \frac{T_{on}}{2} - \tau\right) + \pi\mu\left(nT_{mod} - \frac{T_{on}}{2} - \tau\right)^2 . \tag{3.32}$$

Unter Verwendung eines Additionstheorems [33] und geeigneter Ergänzung wird

Gleichung 3.32 wie folgt umgeschrieben.

$$u_{\text{AR,TX}}(t) = \hat{U}_{\text{AR,TX}}\left[A_{\text{x},1}\cos(\phi_\text{x}) - A_{\text{x},2}\sin(\phi_\text{x})\right]$$

$$A_{\text{x},1} = \sum_{n=-\infty}^{\infty} \cos\left[\omega_1\left(t - nT_{\text{mod}}\right) + \omega_{\text{osc}}\frac{T_{\text{on}}}{2}\right] \cdot \text{rect}\left(\frac{t - nT_{\text{mod}}}{T_{\text{on}}}\right)$$

$$A_{\text{x},2} = \sum_{n=-\infty}^{\infty} \sin\left[\omega_1\left(t - nT_{\text{mod}}\right) + \omega_{\text{osc}}\frac{T_{\text{on}}}{2}\right] \cdot \text{rect}\left(\frac{t - nT_{\text{mod}}}{T_{\text{on}}}\right) \qquad (3.33)$$

$$\omega_1 = \omega_{\text{osc}} - \omega_0 - \pi\mu\left(t + nT_{\text{mod}} - T_{\text{on}} - 2\tau\right)$$

$$\phi_\text{x} = \omega_0\left(t - \frac{T_{\text{on}}}{2} - \tau\right) + \pi\mu\left(t - \frac{T_{\text{on}}}{2} - \tau\right)^2$$

Mit der Voraussetzung, dass $B_\text{r} < f_{\text{mod}}$, $\frac{2}{T_{\text{on}}} \gg B_\text{r}$ sowie $T_\text{r} \gg 2\tau$ gilt, entspricht ω_1 näherungsweise dem zeitlichen Mittelwert über der Rampendauer T_r.

$$\omega_1 \approx \omega_{\text{osc}} - \omega_0 - \pi\mu T_\text{r} = 2\pi\left(f_{\text{osc}} - f_0 - \frac{B_\text{r}}{2}\right) \qquad (3.34)$$

Das genäherte Zeitsignal entspricht dem Verlauf des Zeitsignals in Gleichung 3.22. Daher entsprechen die Fouriertransformierten von $A_{\text{x},1}$ und $A_{\text{x},2}$ in Gleichung 3.33 einer Dirac-Kammfunktion mit einer sinc-förmigen Einhüllenden um ω_1. Man erhält somit im Spektrum die Faltung der Fouriertransformierten der Rampenfunktion $\cos(\phi_\text{x})$ bzw. $\sin(\phi_\text{x})$ mit ebendieser Dirac-Kammfunktion. Zur Visualisierung der Näherung ist in Abbildung 3.19 das Spektrum für einen ausgewählten Fall dargestellt. Das approximierte Spektrum folgt treppenförmig mit einer Stufenbreite der verwendeten Bandbreite B_r dem exakt berechneten Spektrum. Das Verhältnis der Breite der sinc-Hauptkeule $\frac{2}{T_{\text{on}}}$ zur Bandbreite B_r ist daher ein Gütemaß für die Genauigkeit der Approximation. Außerdem ist für die Gültigkeit der Näherung notwendig, dass sich die einzelnen durch die Faltung mit der Dirac-Kammfunktion entstehenden Rampen nicht überlappen. Daher wird deutlich, weshalb die Näherungen $\frac{2}{T_{\text{on}}} \gg B_\text{r}$ und $B_\text{r} < f_{\text{mod}}$ gelten müssen.

Das vom Reflektor abgestrahlte Signal wird wiederum um die Laufzeit τ verzögert und durch Freiraumausbreitung gedämpft. An der Basisstation ergibt sich daher der Spannungszeitverlauf des empfangenen Signals:

$$u_{\text{BS,RX}}(t) = \sqrt{\frac{G_{\text{A,BS}}G_{\text{A,AR}}}{F_{\text{L},d}}} u_{\text{AR,TX}}(t - \tau). \qquad (3.35)$$

Dieses wird durch den LNA verstärkt (G_{LNA} - Leistungsverstärkung) und mit der

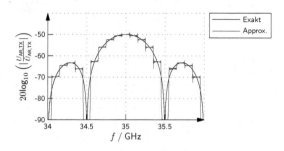

Abbildung 3.19: Spektrum von Gleichung 3.33 mit (Approx.) und ohne (Exakt) Näherung nach Gleichung 3.34 für $f_{osc} = 35$ GHz, $f_0 = 34.95$ GHz, $B_r = 100$ MHz, $f_{mod} = 100$ MHz, $T_{on} = 2$ ns, $\tau = 0$ ns und $T_r = 100$ μs.

ursprünglichen Senderampe heruntergemischt. Bei Abwärtsmischern wird der Mischgewinn G_{MX} im Allgemeinen als Leistungsverhältnis des HF-Signals zum Basisbandsignal bei rechteckförmiger Ansteuerung des LO-Eingangs angegeben. Damit wird das Basisbandsignal am Mischerausgang wie folgt beschrieben.

$$u_{mix}(t) = \sqrt{G_{MX}}2\cos(\omega_0 t + \pi\mu t^2) \cdot \sqrt{G_{LNA}}u_{BS,RX}(t) \tag{3.36}$$

Mit

$$\hat{U}_{mix} = 2\sqrt{\frac{G_{A,BS}G_{A,AR}G_{MX}G_{LNA}}{F_{L,d}}}\hat{U}_{AR,TX}, \tag{3.37}$$

ergibt sich unter Verwendung der um τ verschobenen Gleichung 3.33 das folgende Zeitsignal:

$$u_{mix}(t) = \hat{U}_{mix}\cos(\omega_0 t + \pi\mu t^2)\left[A_{y,1}\cos(\phi_y) - A_{y,2}\sin(\phi_y)\right]$$

$$A_{y,1} = \sum_{n=-\infty}^{\infty}\cos\left[\omega_2\left(t - \tau - nT_{mod} + \frac{\omega_{osc}}{\omega_2}\frac{T_{on}}{2}\right)\right] \cdot \text{rect}\left(\frac{t - \tau - nT_{mod}}{T_{on}}\right)$$

$$A_{y,2} = \sum_{n=-\infty}^{\infty}\sin\left[\omega_2\left(t - \tau - nT_{mod} + \frac{\omega_{osc}}{\omega_2}\frac{T_{on}}{2}\right)\right] \cdot \text{rect}\left(\frac{t - \tau - nT_{mod}}{T_{on}}\right) \tag{3.38}$$

$$\omega_2 = \omega_{osc} - \omega_0 - \pi\mu\left(t + nT_{mod} - T_{on} - 4\tau\right) \approx \omega_{osc} - \omega_0 - \pi B_r$$

$$\phi_y = \omega_0\left(t - \frac{T_{on}}{2} - 2\tau\right) + \pi\mu\left(t - \frac{T_{on}}{2} - 2\tau\right)^2$$

Unter Anwendung geeigneter Additionstheoreme und einer geeigneten Tiefpassfilterung zur Unterdrückung der Frequenzanteile bei $2\omega_0$, welche durch die existierende Bandbegrenzung des Basisbandausgangs bei Abwärtsmischern ein inhärenter Bestandteil ist, erhält man:

$$u_{BB}(t) = \frac{\hat{U}_{mix}}{2} \left[A_{y,1} \cos(\omega_0 t + \pi\mu t^2 - \phi_y) + A_{y,2} \sin(\omega_0 t + \pi\mu t^2 - \phi_y) \right]$$

$$= \frac{\hat{U}_{mix}}{2} \left[A_{y,1} \cos(2\pi f_b t + \phi_z) + A_{y,2} \sin(2\pi f_b t + \phi_z) \right]$$

$$f_b = \mu \left(\frac{T_{on}}{2} + 2\tau \right)$$

$$\phi_z = \omega_0 \left(\frac{T_{on}}{2} + 2\tau \right) - \pi\mu \left(\frac{T_{on}}{2} + 2\tau \right)^2 .$$

(3.39)

In Gleichung 3.39 werden die Parallelen zum FMCW-Primärradar deutlich. Es existiert auch hier eine *beat*-Frequenz f_b, die lediglich um den Term $\frac{T_{on}}{4}$ bezüglich τ verschoben und direkt proportional zur Laufzeit τ und damit dem zu messenden Abstand d ist. Aus Gleichung 3.39 wird über die Fouriertransformation (im Folgenden mit $\mathfrak{F}\{\cdot\}$ bezeichnet) direkt das Spektrum des Basisbandsignals berechnet. Nach einigen Umformungen erhält man aus der Fouriertransformierten von Gleichung 3.39 unter Verwendung der Korrespondenzen aus Gleichung A.6 und A.7 folgende allgemeine Beschreibung des Basisbandlinienspektrums:

$$U_{BB}^*(f) = \frac{\hat{U}_{mix}}{4} \frac{T_{on}}{T_{mod}} e^{-j2\pi \left(f\tau - f_b\tau + f_{osc}\frac{T_{on}}{2} - \frac{\phi_z}{2\pi} \right)} \text{sinc}[T_{on}(f - f_b - f_2)] \cdot \text{III}_{\frac{1}{T_{mod}}}(f - f_b)$$

$$+ \frac{\hat{U}_{mix}}{4} \frac{T_{on}}{T_{mod}} e^{-j2\pi \left(f\tau + f_b\tau - f_{osc}\frac{T_{on}}{2} + \frac{\phi_z}{2\pi} \right)} \text{sinc}[T_{on}(f + f_b + f_2)] \cdot \text{III}_{\frac{1}{T_{mod}}}(f + f_b).$$

(3.40)

Zur Bestimmung des Abstandes ist es hinreichend den Betrag von Gleichung 3.40 zu ermitteln:

$$|U_{BB}^*(f)| = \frac{\hat{U}_{mix}}{4} \frac{T_{on}}{T_{mod}} \left| \text{sinc} \left[T_{on} \left(f - f_b - f_{osc} + f_0 + \frac{B_r}{2} \right) \right] \right| \cdot \text{III}_{\frac{1}{T_{mod}}}(f - f_b)$$

$$+ \frac{\hat{U}_{mix}}{4} \frac{T_{on}}{T_{mod}} \left| \text{sinc} \left[T_{on} \left(f + f_b + f_{osc} - f_0 - \frac{B_r}{2} \right) \right] \right| \cdot \text{III}_{\frac{1}{T_{mod}}}(f + f_b).$$

(3.41)

Aus Gleichung 3.41 wird deutlich, dass die Einhüllende eine sinc-Funktion ist, die um $\pm(f_b + f_{osc} - f_0 - \frac{B_r}{2})$ verschoben ist. Daher ist es optimal, die Resonanzfrequenz des

Oszillators f_{osc} im aktiven Reflektor gleich der Mittenfrequenz der Senderampe $f_0 +$ $\frac{B_{\text{r}}}{2}$ zu wählen, da auf diese Weise die Signalleistung des Basisbandsignals maximal wird.

In Abbildung 3.20 ist das Basisbandlinienspektrum graphisch dargestellt. Es besteht aus je zwei *Peaks* (Diracs) bei $f = nf_{\text{mod}} \pm f_{\text{b}}$ mit $n \in \mathbb{N}$. In jedem dieser *Peak*-Paare ist die Abstandsinformation enthalten. Zunächst würde man aus einer Leistungsbetrachtung annehmen, dass man die Abstandsinformation aus dem *Peak*-Paar um $f = 0 \cdot f_{\text{mod}} \pm f_{\text{b}}$ (Null-te Harmonische von f_{mod}) gewinnen sollte, da dort die Signalleistung maximal ist. Allerdings werden in diesem Teil des Spek-

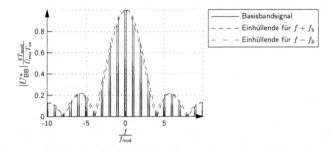

Abbildung 3.20: Basisbandlinienspektrum nach Gleichung 3.41 normiert auf den frequenzunabhängigen Teil der Amplitude für $\frac{T_{\text{on}}}{T_{\text{mod}}} = 0.25$, $\frac{f_{\text{b}}}{f_{\text{mod}}} = 0.1$ und $f_{\text{osc}} = f_0 + \frac{B_{\text{r}}}{2}$.

trums auch passive Reflexionen der Senderampe vergleichbar mit einem passiven FMCW-Primärradarsystem (Kapitel 2) abgebildet. Verwendet man das *Peak*-Paar bei $f = f_{\text{mod}} \pm f_{\text{b}}$ (erste Harmonische von f_{mod}), werden systembedingt passive Reflexionen ausgeblendet und man kann zudem mehrere aktive Reflektoren durch die Wahl verschiedener Modulationsfrequenzen unterscheiden. Die Eigenschaft der Identifikation eines Objekts sowie die Unterdrückung passiver Reflexionen in einem SILO-basierten FMCW-Radarsystem sind daher entscheidende Vorteile im Vergleich zu einem konventionellen FMCW-Primärradarsystem. Im Folgenden wird daher ausschließlich der Teil des Spektrums im Bereich des *Peak*-Paares bei $f = f_{\text{mod}} \pm f_{\text{b}}$ betrachtet.

In Abbildung 3.21 ist der Amplitudendämpfungsfaktor in Abhängigkeit des Tastverhältnisses $\frac{T_{\text{on}}}{T_{\text{mod}}}$ des aktiven Reflektors dargestellt. Für niedrige und große Tast-

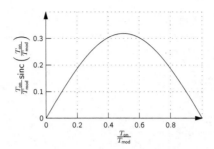

Abbildung 3.21: Amplitudendämpfungsfaktor $\frac{T_{\text{on}}}{T_{\text{mod}}}\text{sinc}\left(\frac{T_{\text{on}}}{T_{\text{mod}}}\right)$ aus Gleichung 3.40 in Abhängigkeit des Tastverhältnisses $\frac{T_{\text{on}}}{T_{\text{mod}}}$ für die erste Harmonische der Modulationsfrequenz.

verhältnisse wird die Basisbandsignalamplitude minimal. Das Maximum der Signalleistung erhält man bei einem Tastverhältnis von 0.5.

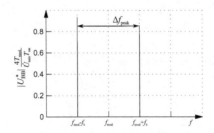

Abbildung 3.22: Auschnitt des Basisbandlinienspektrums in Abbildung 3.20.

Zur Extraktion der Abstandsinformation wird aus dem Basisbandlinienspektrum $|U_{\text{BB}}^*(f)|$ der Frequenzabstand des *Peak*-Paares $\Delta f_{\text{peak}} = 2f_{\text{b}}$ bestimmt. Das hat den Vorteil, dass die Modulationsfrequenz nicht exakt bekannt sein muss, was ohne zusätzliche Modulationstaktrückgewinnung stets der Fall ist. Der gemessene Abstand d_{m} ergibt sich gemäß Gleichung 3.42.

$$d_{\text{m}} = c\left(\frac{\Delta f_{\text{peak}}}{4\mu} - \frac{T_{\text{on}}}{4}\right) \tag{3.42}$$

Bislang wurde die endliche Messzeit, die im idealen Fall der Rampendauer T_{r} ent-

41

spricht, vernachlässigt. Um diese zu berücksichtigen, muss das Basisbandspektrum nochmals mit der Fouriertransformierten der Rechteckfunktion mit einer Pulsweite von T_r gefaltet werden. Damit ergibt sich das kontinuierliche Basisbandspektrum.

$$|U_{\mathrm{BB}}(f)| = \frac{\hat{U}_{\mathrm{mix}}}{4} \frac{T_{\mathrm{on}}}{T_{\mathrm{mod}}} \left| \mathrm{sinc}\left[T_{\mathrm{on}}\left(f - f_a\right)\right] \cdot \mathrm{III}_{\frac{1}{T_{\mathrm{mod}}}}(f - f_{\mathrm{b}}) * \mathrm{sinc}(fT_r) \right|$$

$$+ \frac{\hat{U}_{\mathrm{mix}}}{4} \frac{T_{\mathrm{on}}}{T_{\mathrm{mod}}} \left| \mathrm{sinc}\left[T_{\mathrm{on}}\left(f + f_a\right)\right] \cdot \mathrm{III}_{\frac{1}{T_{\mathrm{mod}}}}(f + f_{\mathrm{b}}) * \mathrm{sinc}(fT_r) \right| \qquad (3.43)$$

$$f_a = f_{\mathrm{b}} + f_{\mathrm{osc}} - f_0 - \frac{B_{\mathrm{r}}}{2}$$

Durch den Übergang vom Basisbanddichtespektrum zum Basisbandspektrum entfällt der Faktor T_r, der in der Fouriertransformierten von $\mathrm{rect}\left(\frac{t}{T_r}\right)$ enthalten ist. Betrachtet man jetzt lediglich den Ausschnitt im Bereich um $f = f_{\mathrm{mod}}$ mit der Annahme $f_{\mathrm{mod}} \gg f_{\mathrm{b}}$ und $f_{\mathrm{osc}} = f_0 + \frac{B_{\mathrm{r}}}{2}$, so erhält man näherungsweise:

$$|U_{\mathrm{BB},f_{\mathrm{mod}}}(f)| = \hat{U}_{\mathrm{BB},f_{\mathrm{mod}}} \left| \mathrm{sinc}[T_r(f - f_{\mathrm{mod}} - f_{\mathrm{b}})] + \mathrm{sinc}[T_r(f - f_{\mathrm{mod}} + f_{\mathrm{b}})] \right|$$

$$\hat{U}_{\mathrm{BB},f_{\mathrm{mod}}} = \frac{\hat{U}_{\mathrm{mix}}}{4} \frac{T_{\mathrm{on}}}{T_{\mathrm{mod}}} \left| \mathrm{sinc}\left(T_{\mathrm{on}}f_{\mathrm{mod}}\right) \right|. \qquad (3.44)$$

Für einen ausgewählten Fall ist dieses Spektrum in Abbildung 3.23(a) dargestellt. Im Unterschied zu Abbildung 3.22 existieren anstelle der beiden Dirac-Impulse zwei

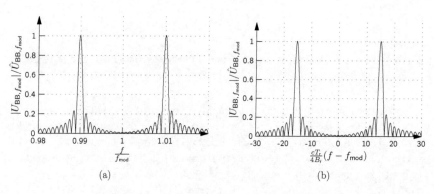

(a)　　　　　　　　　　　　(b)

Abbildung 3.23: Kontinuierliches Basisbandspektrum nach Gleichung 3.44 für $d = 30$ m, $B_{\mathrm{r}} = f_{\mathrm{mod}} = 50$ MHz, $T_{\mathrm{r}} = 1000/f_{\mathrm{mod}}$ und $T_{\mathrm{on}} = 0.1/f_{\mathrm{mod}}$ als Frequenzspektrum (a) bzw. Entfernungsspektrum (b).

sinc-Funktionen. Die Maxima der sinc-Funktionen liegen an der gleichen Stelle wie die beiden Dirac-Impulse im Basisbandlinienspektrum. Die ideale Breite der Hauptkeule entspricht im Frequenzspektrum $\frac{2}{T_r}$ bzw. im Entfernungsspektrum $\frac{c}{B_r}$ (Abbildung 3.23(b)). Dabei ist zu beachten, dass im Entfernungsspektrum der zu messende Abstand der Differenz der Abszissenwerte der Maxima vermindert um den Wert $\frac{cT_{on}}{4}$ entspricht. Das Entfernungsspektrum eignet sich daher sehr gut zur Visualisierung der Multipfadauflösung. Ab einer Entfernungsdifferenz zwischen direktem Pfad und Multipfad von $\Delta d_{\mathrm{MP,grenz}} = \frac{c}{2B_r}$ (halbe Hauptkeulenbandbreite) sind zwei Maxima nicht mehr mit einfachen Algorithmen trennbar.

Auswirkungen der Näherungen

Im Folgenden werden die Auswirkungen der Näherungen zur Berechnung der allgemeinen Lösung nach Gleichung 3.44 auf das reale Verhalten untersucht. Dazu wurde ausgehend von Gleichung 3.39 das Spektrum des Basisbandsignals numerisch berechnet. Es zeigt sich, dass die Näherung $B_r \ll f_{\mathrm{mod}}$ nicht notwendig ist, sondern dass selbst bei $B_r = 10 f_{\mathrm{mod}}$ keine Abweichung der realen von der approximierten Lösung auftritt. In Abbildung 3.24 ist der Einfluss der Näherung $T_{on} B_r \ll 2$ graphisch dargestellt. Für steigende Faktoren $T_{on} B_r$ wird die Hauptkeule breiter und der Spit-

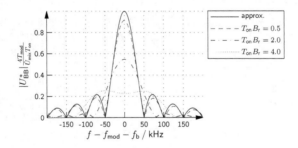

Abbildung 3.24: Vergleich des kontinuierlichen Basisbandspektrums nach Gleichung 3.44 (approx.) mit der numerischen Lösung von Gleichung 3.39 für $f_{\mathrm{mod}} = 50\,\mathrm{MHz}$, $T_r = 1000/f_{\mathrm{mod}}$, $B_r = 10 f_{\mathrm{mod}}$, $f_0 = f_{\mathrm{osc}} - \frac{B_r}{2}$ sowie verschiedene Produkte $T_{on} \cdot B_r$.

zenwert der Hauptkeule kleiner. Weiterhin ist für hohe Faktoren $T_{on} B_r$ erkennbar, dass in diesen Fällen mehr als ein Maximum existiert. Es wird an dieser Stelle postuliert, dass das Basisbandlinienspektrum an der Stelle $f = f_b$ nicht einen sondern mehrere Dirac-Impulse enthält, die für kleine Faktoren $T_{on}B_r$ sehr nah beieinander liegen. Hohe Faktoren $T_{on}B_r$ verursachen eine Spreizung dieser Dirac-Impulse symmetrisch zu f_b.

Zunächst wurde die Zunahme der Bandbreite der Hauptkeule B_{HK} sowie die Reduktion der Leistung in Abhängigkeit des Faktors $T_{on}B_r$ untersucht und in Abbildung 3.25(a) und 3.25(b) graphisch dargestellt. Die Bandbreite der Hauptkeule

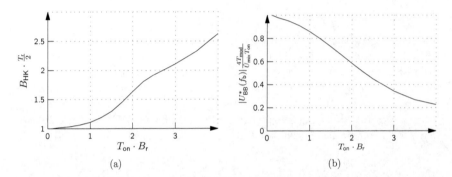

(a)   (b)

Abbildung 3.25: Verbreiterung der Hauptkeulenbandbreite B_{HK} (a) und Reduktion der Amplitude (b) für $B_r = 500\,\mathrm{MHz}$, $T_r = 1000/f_{mod}$, $T_{on}f_{mod} = 0.1$ und $f_0 = f_{osc} - \frac{B_r}{2}$ in Abhängigkeit verschiedener Produkte $T_{on} \cdot B_r$.

B_{HK} steigt bis zu einem Faktor $T_{on}B_r = 1$ nur moderat an. Für höhere Faktoren ist die Aufweitung der Hauptkeule quasi-linear mit einem Anstieg von 0.5. Im gleichen Maße wie die Hauptkeule breiter wird, nimmt die Signalamplitude ab.

Der bereits beschriebene Effekt, dass für hohe Faktoren $T_{on}B_r$ aus dem Einzelpeak mehrere um $f = f_{mod} \pm f_{mod}$ verteilte Peaks werden, ist in Abhängigkeit des Tastverhältnisses $T_{on}f_{mod}$ in Abbildung 3.26 dargestellt. Dafür wurde bei konstanter Bandbreite die Einschaltzeit solange erhöht bis bei $f = f_{mod} + f_b$ ein lokales Minimum entstand. Die ermittelte Grenze $T_{on} \cdot B_r|_{grenz}$ ist dabei lediglich abhängig vom Tastverhältnis. Diese Grenze ist keine vollständige Einschränkung für das Messsystem. Sie stellt jedoch eine zusätzliche Anforderung an den Detektor dar. So kann mit einem einfachen Maximumdetektor nur bis zu dieser Grenze die Entfer-

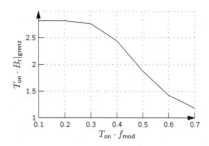

Abbildung 3.26: Einzelpeakgrenze $T_{on} \cdot B_r|_{grenz}$ für $B_r = 500\,\text{MHz}$, $T_r = 1000/f_{mod}$ und $f_0 = f_{osc} - \frac{B_r}{2}$ in Abhängigkeit des Tastverhältnisses $T_{on} \cdot f_{mod}$.

nung bestimmt werden. Bei der Verwendung komplexerer Detektoren, zum Beispiel einem Korrelationsdetektor, kann durch die bekannte Frequenzantwort ebenfalls der Abstand gemessen werden. Allerdings sinkt sowohl im Bereich knapp unterhalb der Einzelpeakgrenze durch das flache Maximum als auch oberhalb dieser in Kombination mit komplexen Detektoren die Genauigkeit und die Multipfadauflösung des Messsystems.

Das SILO-basierte Abstandsmesssystem verhält sich demnach für $T_{on}B_r < 1$ bei einer leicht geringeren Multipfadauflösung wie ein konventionelles FMCW-Primärradarsystem. In einer praktischen Realisierung wird die Bandbreite des Signals $B_{HK} = \frac{2}{T_{on}}$ vom aktiven Reflektor zurück zur Basisstation gleich der Rampenbandbreite B_r gewählt, um auf beiden Übertragungswegen die gleiche effektive Kanalbandbreite zu verwenden. Damit ergibt sich die Randbedingung $T_{on}B_r = 2$ für die Wahl der Systemparameter. Durch die in diesem Fall entstehenden Mehrfachpeaks sowie die bereits vorher einsetzende Abflachung des Maximums liegt die Obergrenze des Tastverhältnisses bei 0.3 bis 0.4. Des Weiteren erhält man für $T_{on}B_r = 2$ eine Hauptkeulenaufweitung um den Faktor 1.7 sowie eine Signalamplitudenreduktion um den Faktor 0.6 im Vergleich zu den theoretisch hergeleiteten Werten.

Basisbandsignalleistung

Im folgenden Abschnitt wird die Basisbandsignalleistung eines SILO-basierten FM-CW-Radarsystems berechnet. Dazu sind die in den vorangegangenen Abschnitten hergeleiteten Zusammenhänge für die Amplitude des Basisband-*beat*-Signals

$\hat{U}_{\mathrm{BB},f_{\mathrm{mod}}}$ in Gleichung 3.45 und 3.46 nochmals zusammengefasst.

$$\hat{U}_{\mathrm{BB},f_{\mathrm{mod}}} = T_{\mathrm{on}} f_{\mathrm{mod}} \left| \mathrm{sinc}(T_{\mathrm{on}} f_{\mathrm{mod}}) \right| \frac{\hat{U}_{\mathrm{mix}}}{4}$$

$$\hat{U}_{\mathrm{mix}} = 2 \sqrt{\frac{G_{\mathrm{A,BS}} G_{\mathrm{A,AR}} G_{\mathrm{MX}} G_{\mathrm{LNA}}}{F_{\mathrm{L},d}}} \hat{U}_{\mathrm{AR,TX}}$$

(3.45)

$$\hat{U}_{\mathrm{AR,TX}} = \begin{cases} \hat{U}_{\mathrm{AR,TX,max}} \dfrac{\hat{U}_{\mathrm{AR,RX}}}{\hat{U}_{\mathrm{N}}}, & \hat{U}_{\mathrm{AR,RX}} < \hat{U}_{\mathrm{N}} \\ \hat{U}_{\mathrm{AR,TX,max}}, & \hat{U}_{\mathrm{AR,RX}} \geq \hat{U}_{\mathrm{N}} \end{cases}$$

$$\hat{U}_{\mathrm{N}} = \sqrt{\frac{4 k_{\mathrm{B}} T f_{\mathrm{osc}}}{Q_{\mathrm{RLC}}} 2 R_{\mathrm{ref}}}$$

(3.46)

$$\hat{U}_{\mathrm{AR,RX}} = \sqrt{\frac{G_{\mathrm{A,BS}} G_{\mathrm{A,AR}} \left(1 - |\Gamma_{\mathrm{in,AR}}|^2\right)}{F_{\mathrm{L},d}}} \hat{U}_{\mathrm{BS,TX}}$$

Ersetzt man die Freiraumdämpfung durch Gleichung A.1, so erhält man mit $G_{\mathrm{A,BS}} = G_{\mathrm{A,AR}} = G_{\mathrm{A}}$ die Leistung des Basisbandsignals im Bereich der ersten harmonischen von f_{mod} in Abhängigkeit der Entfernung d gemäß Gleichung 3.47.

$$P_{\mathrm{BB},f_{\mathrm{mod}}} = P_{\mathrm{BB},f_{\mathrm{mod}},0} \begin{cases} \left(\dfrac{c}{4\pi(f_0 + \frac{B_{\mathrm{r}}}{2})d}\right)^4 G_{\mathrm{A}}^2 \left(1 - |\Gamma_{\mathrm{in,AR}}|^2\right) P_{\mathrm{BS,TX}} \frac{Q_{\mathrm{RLC}}}{4 k_{\mathrm{B}} T f_{\mathrm{osc}}}, & d > d_{\mathrm{N}} \\ \left(\dfrac{c}{4\pi(f_0 + \frac{B_{\mathrm{r}}}{2})d}\right)^2, & d \leq d_{\mathrm{N}} \end{cases}$$

$$P_{\mathrm{BB},f_{\mathrm{mod}},0} = \left(\frac{T_{\mathrm{on}} f_{\mathrm{mod}}}{2} \mathrm{sinc}(T_{\mathrm{on}} f_{\mathrm{mod}})\right)^2 G_{\mathrm{A}}^2 G_{\mathrm{MX}} G_{\mathrm{LNA}} P_{\mathrm{AR,TX}}$$

$$d_{\mathrm{N}} = \frac{c}{4\pi(f_0 + \frac{B_{\mathrm{r}}}{2})} \sqrt{G_{\mathrm{A}}^2 \left(1 - |\Gamma_{\mathrm{in,AR}}|^2\right) P_{\mathrm{BS,TX}} \frac{Q_{\mathrm{RLC}}}{4 k_{\mathrm{B}} T f_{\mathrm{osc}}}}$$

(3.47)

Die Amplitude ist bis zu einer Entfernung $d \leq d_{\mathrm{N}}$ indirekt proportional zur Entfernung d. Für $d > d_{\mathrm{N}}$ sinkt die Amplitude indirekt proportional zum Quadrat der Entfernung d.

Reichweite

Der Rausch-sinc der phasenunkorrelierten Signalanteile der SILO-Antwort gemäß Gleichung 3.26 wird systembedingt ebenfalls in der Basisstation heruntergemischt. Eine analytische Herleitung der Rauschleistung an der Stelle $f = f_{\mathrm{mod}}$ ist nicht möglich, da die sinc-Funktion nicht elementar integrierbar ist. Die numerische Analyse zeigt, dass die Rauschleistung (Ursache: verrauschte Phasenabtastung) im Basisband in der Umgebung von $f = f_{\mathrm{mod}}$ wie folgt berechnet wird:

$$P_{\mathrm{N,BB}} = \frac{G_{\mathrm{A}}^2 G_{\mathrm{MX}} G_{\mathrm{LNA}}}{F_{\mathrm{L},d}} P_{\mathrm{AR,TX}} \left(T_{\mathrm{on}} f_{\mathrm{mod}}\right)^2 \frac{1}{T_{\mathrm{r}} B_{\mathrm{r}}}. \tag{3.48}$$

Damit wird direkt ein Signal-Rausch-Abstand (SNR) als Verhältnis der Signalleistung $P_{\mathrm{BB},f_{\mathrm{mod}}}$ zur Rauschleistung $P_{\mathrm{N,BB}}$ angegeben.

$$\mathrm{SNR} = \frac{P_{\mathrm{BB},f_{\mathrm{mod}}}}{P_{\mathrm{N,BB}}} = \frac{T_{\mathrm{r}} B_{\mathrm{r}}}{4} G_{\mathrm{A}}^2 \frac{P_{\mathrm{BS,TX}}}{P_{\mathrm{N,BB}}} \left(\frac{c}{4\pi f_{\mathrm{osc}} d}\right)^2 \tag{3.49}$$

Dieses Signal-Rausch-Verhältnis bestimmt die Genauigkeit der Frequenzschätzung (Cramer-Rao-Schranke). In messtechnischen Präzisionsanwendungen zur Frequenzschätzung mittels FFT wird gewöhnlich ein SNR ≥ 1000 gefordert. Damit ergibt sich eine maximale Reichweite für das SILO-basierte Abstandsmesssystem von:

$$\begin{aligned} d_{\mathrm{max}} &= \frac{c}{4\pi f_{\mathrm{osc}}} \sqrt{\frac{T_{\mathrm{r}} B_{\mathrm{r}}}{4000} G_{\mathrm{A}}^2 \frac{P_{\mathrm{BS,TX}}}{P_{\mathrm{N}}}} \\ &= \frac{c}{80\pi f_{\mathrm{osc}}} \sqrt{\frac{T_{\mathrm{r}} B_{\mathrm{r}}}{10} G_{\mathrm{A}}^2 \frac{P_{\mathrm{BS,TX}} Q_{\mathrm{RLC}}}{4 k_{\mathrm{B}} T f_{\mathrm{osc}}}} \end{aligned} \tag{3.50}$$

In Abbildung 3.27 ist die maximale Reichweite eines SILO-basierten FMCW-Radarsystems gemäß Gleichung 3.50 beispielhaft dargestellt. Durch Erhöhen der Messzeit (längere Rampendauer T_{r}) steigt die maximale Reichweite. Die Ursache dafür liegt darin begründet, dass bei der Frequenzschätzung eines verrauschten Eintonsignals die Mittelung über einen längeren Zeitraum das Rauschen reduziert, den Signalanteil jedoch nicht. Damit verbessert man durch eine längere Rampendauer das SNR und somit die maximale Reichweite.

Es ist jedoch zu beachten, dass diese Reichweitenbegrenzung nur durch die verrauschte Phasenabtastung des geschalteten Oszillators bedingt ist. Weitere reichweitenbegrenzende Faktoren wie das Phasenrauschen des Schaltoszillators zur Erzeugung von f_{mod}, das Phasenrauschen bzw. die Nichtlinearitäten der Senderampe, das Rauschen der Basisstationskomponenten wie zum Beispiel LNA und Mischer sowie das Quantisierungsrauschen des ADC wurden an dieser Stelle nicht betrachtet.

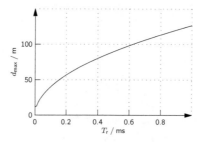

Abbildung 3.27: Maximale Reichweite eines SILO-basierten FMCW-Radarsystems für die Systemparameter $P_{BS,TX} = 10$ dBm, $G_{A,BS} = G_{A,AR} = 2$, $f_{osc} = 35$ GHz, $B_r = 500$ MHz, $f_0 = f_{osc} - \frac{B_r}{2}$ und $Q_{RLC} = 4$ bei Raumtemperatur.

3.5 Zusammenfassung

Im vorangegangenen Kapitel wurden wesentliche Zusammenhänge der Funktionsweise eines geschalteten Oszillators und dessen Verwendung in einem FMCW-Radarsystem hergeleitet. Im Folgenden sollten die wesentlichen Erkenntnisse nochmal kurz mit Blick auf den Entwurf eines SILO-Radarsystems zusammengefasst werden.

- Das Phasenabtastverhalten eines geschalteten Oszillators wird von der Güte des Resonanzkreises und dem Entdämpfungsfaktor bestimmt. Dabei sind eine hohe Güte und eine geringe Entdämpfung vorteilhaft für die Phasenkohärenz. Andererseits schränken die Anschwing- und Ausschaltzeit des Oszillators die Wahl ein.

- Die Ausgangsleistung eines Oszillators ist abhängig vom Entdämpfungsfaktor des Resonanzkreises. Es wurde gezeigt, dass durch eine reduzierte Rückkopplung die Ausgangsleistung unabhängig vom Entdämpfungsfaktor eingestellt werden kann und das somit der Entdämpfungsfaktor als freier Parameter für die Optimierung des Abtastverhaltens erhalten bleibt.

- Der Fehler der Phasenabtastung wird von der Bandbreite bzw. der effektiven Rauschleistung des Resonanzkreises bestimmt. Es konnte gezeigt werden, dass für Injektionsleistungen unterhalb dieser effektiven Rauschleistung der phasenkohärente Anteil des SILO-Ausgangssignals direkt proportional mit dem Verhältnis von Injektionsleistung zu Rauschleistung abnimmt. Daher ist zur Minimierung des Fehlers der Phasenabtastung eine maximal Güte des Resonanzkreises anzustreben.

- Die theoretischen Zusammenhänge der FMCW-Systemparameter und deren Abhängigkeiten wurden dargestellt. Es konnte eine Reichweitenlimitierung des SILO-basierten FMCW-Radarsystems in Abhängigkeit der Rampendauer abgeleitet werden.

Basierend auf diesen theoretisch gewonnenen Erkenntnissen wird im Folgenden der Entwurf eines geschalteten Oszillators beschrieben.

4 Entwurf von integrierten regenerativen Verstärkern

4.1 Allgemeines

4.1.1 IC-Technologie

Die im Rahmen dieser Arbeit implementierten integrierten Schaltkreise wurden für die IC-Technologie SG25H1 der Firma IHP-MICROELECTRONICS [37] entworfen und anschließend gefertigt. Die Basis dieser IC-Technologie ist ein 250 nm CMOS-Prozess. Für HF-Anwendungen stehen npn-HBTs (*Heterojunction Bipolar Transistor*) mit einer maximalen Transitfrequenz von 180 GHz, MIM-Kapazitäten (*Metal Insulator Metal*), verschiedene Widerstände aus dotiertem, undotiertem und salizidiertem Polysilizium sowie Varaktoren auf Basis von NMOS-Transistoren in einer n-dotierten Wanne zu Verfügung. Zudem sind in der Technologie drei Standard-Metallisierungsebenen und zwei Dickmetall-Ebenen zur Verdrahtung enthalten. Dadurch wird die Integration von planaren Spulen und Mikrostreifenleitungen möglich.

Generell sind die Ergebnisse und die Entwurfsmethodik, die im Folgenden beschrieben werden, auf jede andere IC-Technologie mit ähnlichen Technologieparametern übertragbar.

4.1.2 IC-*Interface*

Die *Pads* bilden die Schnittstelle einer integrierten Schaltung mit der Umgebung. Damit der Oszillator auf IC-Ebene getestet werden kann und die Ergebnisse mit den Messungen auf Leiterplatten- oder Systemebene vergleichbar sind, ist es notwendig die Impedanz der zur Verfügung stehenden Messausrüstung als Quellimpedanz R_s zu verwenden. Damit ist die Quellimpedanz für den differentiellen Oszillatoreingang auf $R_s = 100\,\Omega$ festgelegt. Die Wahl einer differentiellen Signalführung ist aus verschiedenen Gründen, die in den anschließenden Abschnitten genauer erläutert werden, vorteilhaft für die Realisierung eines integrierten geschalteten Oszillators.

4.1.3 npn-Bipolar-Transistoren

Für die Bipolartransistoren in der zugrundeliegenden Technologie sind die Steilheit g_m und die Basis-Emitter-Kapazität c_{BE} wichtige Parameter beim strukturierten Entwurf eines integrierten regenerativen Oszillators. In Abbildung 4.1(a) und (b) sind die beiden Parameter in Abhängigkeit des Emitterstroms graphisch dargestellt. Man erkennt, dass die Steilheit bei der Zielfrequenz speziell für höhere Ströme I_E

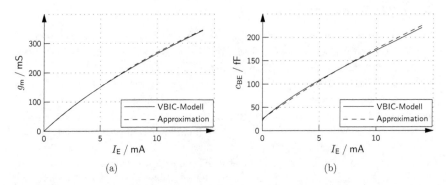

(a)   (b)

Abbildung 4.1: Abhängigkeit der Steilheit g_m (a) und der Basis-Emitter-Kapazität c_{BE} (b) vom Emitterstrom für einen Transistor des Typs *npn200* mit der 6-fachen Fläche des Minimaltransistors bei einer Frequenz von $f = 35\,\text{GHz}$.

von dem zum Beispiel in [34] angegebenen Zusammenhang $g_m = \frac{I_C}{U_T}$ abweicht. Daher wurde die Steilheit g_m in Abhängigkeit des Arbeitspunktstromes $I_C \approx I_E$ nach Gleichung 4.1 approximiert, um den Zusammenhang im Entwurfsprozess exakter zu beschreiben.

$$g_m = \frac{I_E}{U_T}\left(1 - \sqrt{\frac{I_E}{107\,\text{mA}}}\right) \tag{4.1}$$

Des Weiteren wurde eine Approximation der Basis-Emitter-Kapazität in Abhängigkeit des Arbeitspunktstromes durchgeführt, um diesen Zusammenhang analytisch zu erfassen.

$$c_{BE} = \left(26\,\text{fF} + 200\,\text{fF}\,\frac{I_E}{10\,\text{mA}}\right)\left(1 - \sqrt{\frac{I_E}{200\,\text{mA}}}\right) \tag{4.2}$$

Die funktionalen Zusammenhänge in den Gleichungen 4.1 und 4.2 sind mathematische Approximationen für den Entwurfsprozess, die nur in der Umgebung der Zielfrequenz gültig sind. Die darin enthaltenen Parameter haben keine physikalische Entsprechung.

4.1.4 Planare Spulen

Die Methodik zum Bestimmen der benötigten Schaltungsparameter integrierter, symmetrischer, differentieller Spulen wird im Folgenden beschrieben. Dazu wurden die geometrischen Strukturen mit einem 2.5D-Feldsimulator (SonnetEM) simuliert. Die aus diesen Simulationen erhaltenen S-Parameter beschreiben das Verhalten im Frequenzbereich. Zur Simulation der Spulen im Zeitbereich ist es notwendig, aus den S-Parametern ein Modell zu extrahieren.

In dieser Arbeit wurden im Wesentlichen Spulen basierend auf der Layoutanordnung in Abbildung 4.2(a) verwendet. In dieser Anordnung sind die Leiterzugbreite,

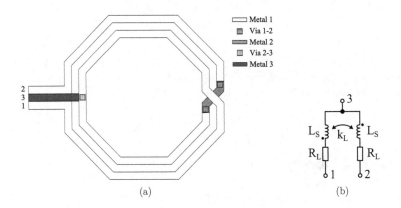

Abbildung 4.2: Darstellung des Layouts einer planaren differentiellen symmetrischen Spule (a) und dem verwendeten Ersatzschaltbild (b).

der Abstand zwischen den Leiterbahnen, der Innendurchmesser sowie die Metallisierungsebenen die wesentlichen Optimierungsparameter. Die aus der EM-Simulation erhaltenen S-Parameter werden nach [38] in Y-Parameter umgerechnet und aus diesen werden die Gegentaktimpedanz $\underline{Z}_{\text{diff}}$ und Gleichtaktimpedanz $\underline{Z}_{\text{gl}}$ berechnet.

$$
\begin{aligned}
\underline{Z}_{\text{diff}} &= \frac{\underline{Y}_{11} + \underline{Y}_{12} + \underline{Y}_{21} + \underline{Y}_{22}}{\underline{Y}_{11}\underline{Y}_{22} - \underline{Y}_{12}\underline{Y}_{21}} \\
\underline{Z}_{\text{gl}} &= \frac{1}{\underline{Y}_{11} + \underline{Y}_{12} + \underline{Y}_{21} + \underline{Y}_{22}}
\end{aligned}
\tag{4.3}
$$

Die Gegentaktimpedanz $\underline{Z}_{\text{diff}}$ bezieht sich dabei auf die differentielle Anregung der *Ports* 1 und 2 bei Kurzschluss an *Port* 3. Die Gleichtaktimpedanz $\underline{Z}_{\text{gl}}$ bezieht sich auf die Gleichtaktanregung der *Ports* 1 und 2 ebenfalls bei Kurzschluss an *Port* 3.

Für das einfache Ersatzschaltbild nach Abbildung 4.2(b) können die Parameter der Induktivität L_{S}, des Serienwiderstands R_{L} und des Koppelfaktors k_{L} direkt aus $\underline{Z}_{\text{diff}}$ und $\underline{Z}_{\text{gl}}$ für jeden simulierten Frequenzpunkt berechnet werden.

$$
\begin{aligned}
L_{\text{S}} &= \frac{\mathfrak{Im}\{\underline{Z}_{\text{diff}}\} + 4\mathfrak{Im}\{\underline{Z}_{\text{gl}}\}}{4\omega} \\
k_{\text{L}} &= \frac{\mathfrak{Im}\{\underline{Z}_{\text{diff}}\} - 4\mathfrak{Im}\{\underline{Z}_{\text{gl}}\}}{\mathfrak{Im}\{\underline{Z}_{\text{diff}}\} + 4\mathfrak{Im}\{\underline{Z}_{\text{gl}}\}} \\
R_{\text{L}} &= \frac{\mathfrak{Re}\{\underline{Z}_{\text{diff}}\}}{2}
\end{aligned}
\tag{4.4}
$$

Für die Beschreibung der Spule als Teil des Resonators werden die differentielle Induktivität L_{diff} sowie deren Serienwiderstand $R_{\text{L,diff}}$ und deren Güte $Q_{\text{L,diff}}$ wie folgt als Funktion der Frequenz bestimmt.

$$
\begin{aligned}
L_{\text{diff}} &= 2L_{\text{S}}(1 + k_{\text{L}}) \\
R_{\text{L,diff}} &= 2R_{\text{L}} \\
Q_{\text{L,diff}} &= \frac{\omega L_{\text{S}}(1 + k_{\text{L}})}{R_{\text{L}}}
\end{aligned}
\tag{4.5}
$$

Weiterhin wird die Gleichtaktinduktivität L_{gt} sowie deren Serienwiderstand $R_{\text{L,gt}}$ und deren Güte $Q_{\text{L,gt}}$ berechnet.

$$
\begin{aligned}
L_{\text{gt}} &= \frac{L_{\text{S}}(1 - k_{\text{L}})}{2} \\
R_{\text{L,gt}} &= \frac{R_{\text{L}}}{2} \\
Q_{\text{L,gt}} &= \frac{\omega L_{\text{S}}(1 - k_{\text{L}})}{R_{\text{L}}}
\end{aligned}
\tag{4.6}
$$

Für die Verwendung der Spulen im Schaltungssimulator werden die Werte der Spulenparameter nach Gleichung 4.4 bei der Zielfrequenz zur Approximation genutzt. In den Abbildungen 4.3(a) bis (d) sind die Parameter nach Gleichung 4.5 und 4.6 für eine ausgewählte Spulenanordnung mit zwei Windungen, sowohl als Ergebnis der Simulation als auch aus dem daraus approximierten Modell berechnet, dargestellt. In dieser Anordnung werden die beiden obersten Metalllagen übereinander im Wickelkörper verwendet. Die simulierte Spule hat einem Innendurchmesser von $40\,\mu$m, eine Leiterbahnbreite von $4\,\mu$m und einem Leiterbahnabstand von $4\,\mu$m. Die Näherung beschreibt das simulierte Verhalten für schmalbandige Systeme ($10\,\%$ bis $20\,\%$ relative Bandbreite) hinreichend genau. Daher wird im Folgenden für Simulationen im Zeitbereich dieses Modell verwendet. Für Simulationen im Frequenzbereich werden die S-Parameter genutzt.

Es zeigt sich, dass in der genutzten IC-Technologie die Verwendung der beiden obersten Metalllagen (TopMetal 2 und TopMetal 1) im Wickelkörper die besten Ergebnisse für die Güte liefert. Dadurch sinkt zwar die Selbstresonanzfrequenz der Anordnung, sie liegt aber dennoch oberhalb von 100 GHz und damit weit von der Zielfrequenz entfernt. Im Bereich der Leiterzugkreuzungen muss dafür jeweils eine Metallisierungsebene weggelassen werden. Die Leiterbahnbreite hat nur indirekt über die Zahl der möglichen *Vias* einen Einfluss auf den Serienwiderstand und damit die Güte, da im verwendeten Frequenzbereich der Skin-Effekt den Serienwiderstand dominiert und damit eine weitere Erhöhung der Leiterbahnbreite nur die parasitäre Kapazität erhöht, aber den Serienwiderstand nur geringfügig reduziert. Der Leiterbahnabstand beeinflusst im Wesentlichen die Kapazität zwischen den Windungen und damit die Selbstresonanzfrequenz. Im Vergleich zum Innendurchmesser haben beide Parameter einen geringen Einfluss auf die Induktivität und die Güte. Daher wurde im Folgenden stets eine Leiterbahnbreite von $4\,\mu$m und ein Leiterbahnabstand von $4\,\mu$m verwendet.

In Abbildung 4.4(a) und (b) ist die differentielle Induktivität L_{diff} und deren Güte $Q_{\text{L,diff}}$ bei $f = 35$ GHz graphisch dargestellt. Für kleinere Innendurchmesser d_{i} nehmen die Induktivität und die Güte ab.

4.1.5 Varaktoren

In der verwendeten Technologie stehen als spannungsgesteuerte Kapazitäten keine Kapazitätsdioden sondern nur spezielle MOS-Varaktoren zur Verfügung. Diese sind als selbstleitende NMOS-Transistoren in einer N-dotierten Wanne realisiert. Genutzt wird dabei die Arbeitspunktabhängigkeit der Gate-Kapazität. In differentiellen Strukturen ist es günstig die Serienschaltung von zwei MOS-Varaktoren wie in Abbildung 4.5(a) dargestellt zu verwenden. Darin sind die beiden Kno-

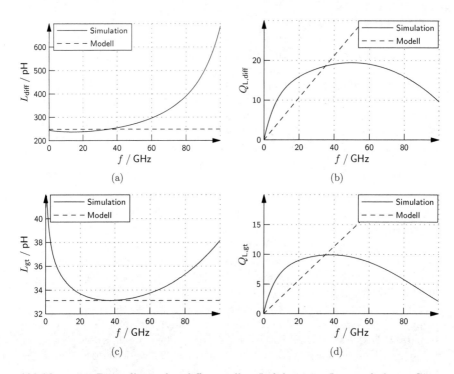

(a)   (b)

(c)   (d)

Abbildung 4.3: Darstellung der differentiellen Induktivität L_{diff} und deren Güte $Q_{\mathrm{L,diff}}$ sowie der Gleichtaktinduktivität L_{gt} und deren Güte $Q_{\mathrm{L,gt}}$ in Abhängigkeit der Frequenz berechnet aus den simulierten S-Parametern (Simulation) und Vergleich mit der Approximation durch das Modell nach Abbildung 4.2(b) bei $f = 35\,\mathrm{GHz}$.

ten 1 und 2 die Signalanschlüsse und U_{NW} bzw. U_{G} sind statische Kontrollspannungen. Die Widerstände R_{B} werden zur Arbeitspunkteinstellung verwendet. Über dem Gateoxid der NMOS-Transistoren ist damit die Steuerspannung des Varaktors $U_{\mathrm{S}} = U_{\mathrm{NW}} - U_{\mathrm{G}}$. Die Kapazität C_{S} erfüllt zwei Aufgaben. Zum einen wird darüber eine DC-Entkopplung der Signalnetze von der Arbeitspunktspannung U_{G} erreicht. Zum anderen beeinflusst das Verhältnis von C_{S} zur Gateoxidkapazität des NMOS-Varaktors sowohl die Güte als auch den Stellbereich der Gesamtschaltung des Varaktors und es kann damit ein Kompromiss entsprechend der jeweiligen Anforderung gefunden werden. Des Weiteren liegt in dieser Anordnung die Wannenkapazität der

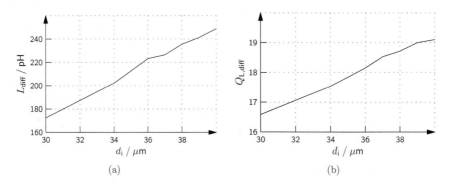

(a)   (b)

Abbildung 4.4: Darstellung der differentiellen Induktivität L_{diff} und deren Güte $Q_{\text{L,diff}}$ bei $f = 35$ GHz für eine Spulenanordnung mit zwei Windungen, den beiden obersten Metalllagen übereinander im Wickelkörper, einer Leiterbahnbreite von 4 μm, einem Leiterbahnabstand von 4 μm und verschiedenen Innendurchmessern d_i.

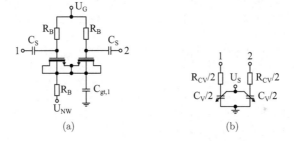

(a)   (b)

Abbildung 4.5: Schaltbild eines differentiellen NMOS-Varaktors (a) und vereinfachte Ersatzschaltung (b).

N-Wanne genau auf der Symmetrielinie der Schaltung und ist damit für die Gegentaktaussteuerung nicht wirksam. Zur Vereinfachung wird im Folgenden die beschriebene Gesamtschaltung als Varaktor bezeichnet und mit der Ersatzschaltung nach Abbildung 4.5(b) modelliert.

Wie bereit im Abschnitt 4.1.4 gezeigt, werden aus den Z-Parametern der Gesamtschaltung die Elemente der Ersatzschaltung bestimmt. In den Abbildungen 4.6(a) und (b) sind die Kapazität C_V und die Güte Q_{C_V} des Varaktors für die beiden in der Technologie erlaubten NMOS-Varaktorweiten graphisch dargestellt. Der Varak-

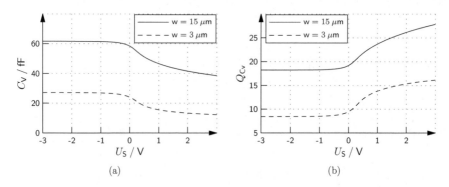

(a) (b)

Abbildung 4.6: Kapazität C_V (a) und Güte (b) der Ersatzschaltung nach Abbildung 4.5(b) für $f = 35$ GHz, $C_S = 160$ fF, $R_B = 10$ kΩ und für die beiden in der Technologie erlaubten Fingerweiten w der beiden NMOS-Varaktoren ($l = 1$ μm, 5 Finger).

tor mit der größeren Weite weist ein geringeres Verhältnis der maximal zur minimal einstellbaren Kapazität auf. Auf der anderen Seite ist die Güte des größeren Varaktors in der Simulation größer.

In Abbildung 4.7(a) und (b) ist der Einfluss der Serienkapazität auf das Verhältnis der Maximal zur Minimal stellbarer Kapazität $C_{V,\mathrm{max}}/C_{V,\mathrm{min}}$ und die minimale Güte $Q_{C_V,\mathrm{min}} = Q_{C_V}(U_S = -3$ V) dargestellt. Man erkennt, dass die Dimensionierung der Kapazität C_S den Kompromiss zwischen maximal möglichem Stellbereich und maximaler Güte bestimmt. C_S kann daher dazu verwendet werden die Güte des Varaktors zu Ungunsten des Stellbereichs zu verbessern.

4.1.6 Optimierung der Resonanzkreisparameter

Im Abschnitt 3.2 wurde theoretisch gezeigt, dass eine hohe Güte des Resonanzkreises vorteilhaft für das Abtastverhalten eines geschalteten Oszillators ist. In der praktischen Realisierung ist der Generatorwiderstand R_s durch die Impedanz an den differentiellen HF-*Pads* des integrierten Schaltkreises festgelegt und beträgt wie im Abschnitt 4.1.2 erläutert $R_s = 100$ Ω für eine differentielle Anordnung.

Das verwendete Prinzip des regenerativen Verstärkers bedingt einen bidirektionalen Signalfluss zwischen Antenne und Resonator. Für diese Randbedingung kann die Impedanztransformation im einfachsten Fall durch ein passives LC-Netzwerk realisiert werden. Zur Erhöhung der Impedanz sind laut [39] zwei Netzwerke beste-

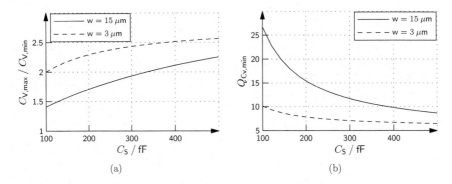

(a) (b)

Abbildung 4.7: Verhältnis der Maximal zur Minimal stellbaren Kapazität und der minimalen Güte über dem Stellbereich für $f = 35\,\mathrm{GHz}$, $C_\mathrm{S} = 160\,\mathrm{fF}$, $R_\mathrm{B} = 10\,\mathrm{k\Omega}$ und für die beiden in der Technologie erlaubten Fingerweiten w der beiden NMOS-Varaktoren (l = 1 μm, 5 Finger).

hend aus je zwei LC-Elementen möglich. Zum einen, ausgehend von der Antenne, eine Kombination von Serien-Spule zusammen mit einer Parallel-Kapazität und zum anderen eine Serien-Kapazität zusammen mit einer Parallel-Spule. Da integrierte, planare Spulen im Verhältnis zu integrierten Kapazitäten oder aktiven Bauelementen sehr viel Chipfläche benötigen, ist es sinnvoll nur so viele Spulen wie nötig zu verwenden. Daher wird die Spule des Transformationsnetzwerkes zusammen mit der Resonatorspule als ein Element implementiert. Die Impedanztransformation der Quellimpedanz R_s zum Resonator wird durch das in Abbildung 4.8 dargestellte Netzwerk realisiert. Dabei ist zu beachten, dass die durch L und R_L modellierte,

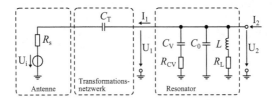

Abbildung 4.8: Schematische Darstellung des Resonators zusammen mit dem Impedanztransformationsnetzwerk.

verlustbehaftete Spule sowohl Teil des Resonators im Sinne der Theorie aus Abschnitt 3.2 als auch Teil des Impedanztransformationsnetzwerkes ist. Der verlustbehaftete Varaktor zur Einstellung der Resonanzfrequenz wird durch C_V und R_{C_V} modelliert. Verdrahtungskapazitäten sowie die Kapazität der aktiven Bauelemente zur Entdämpfung sind als C_0 abgebildet. Unter der Voraussetzung $U_i = 0$ wird die Antennenimpedanz durch die Kapazität C_T zum Resonator transformiert.

$$\underline{Y}_1 = \frac{\underline{I}_1}{\underline{U}_1} \overset{U_i=0}{=} \frac{1}{R_s + \frac{1}{j\omega C_T}} \tag{4.7}$$

Der Impedanztransformationsfaktor v_T wird gemäß Gleichung 4.8 definiert.

$$\frac{1}{\mathfrak{Re}\left\{\underline{Y}_1\right\}} = v_T R_s \tag{4.8}$$

Damit ergibt sich die Dimensionierungsvorschrift für C_T als Funktion des Impedanztransformationsfaktors:

$$C_T = \frac{1}{\omega R_s} \frac{1}{\sqrt{v_T - 1}}. \tag{4.9}$$

Des Weiteren entsteht durch die Transformation eine zusätzliche effektive Kapazität $C_{T,p}$ am Resonator, die zusätzlich zu C_V und C_0 durch die Resonatorspule L kompensiert werden muss.

$$\omega C_{T,p} = \mathfrak{Im}\{\underline{Y}_1\} = \frac{1}{R_s} \frac{\sqrt{v_T - 1}}{v_T} \tag{4.10}$$

In Abbildung 4.9(a) ist die Entwurfsbedingung für C_T für einen typischen Fall dargestellt. Wie bereits aus Gleichung 4.9 deutlich wird, ist eine kleine Kapazität notwendig, um große Impedanztransformationsfaktoren zu realisieren.

Für die einfache Berechnung der Admittanz $\underline{Y}_2$ in Gleichung 4.11 wird eine Serien-Parallel-Umwandlung der Varaktor- und der Spulenersatzschaltung sowie die Defi-

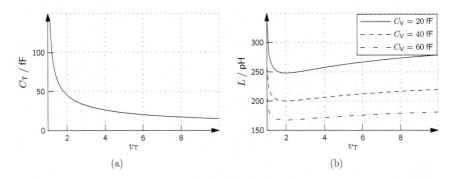

(a) (b)

Abbildung 4.9: Impedanztransformationskapazität C_T (a) und Induktivität der Resonatorspule L (b) in Abhängigkeit des Impedanztransformationsfaktors v_T für $R_s = 100\,\Omega$, $f = f_{osc} = 35\,\mathrm{GHz}$, $Q_L = 10$, $Q_{C_V} = 10$ und $C_0 = 40\,\mathrm{fF}$ sowie verschiedene Varaktorgrößen.

nition der Seriengüten Q_{C_V} und Q_L angewendet.

$$
\begin{aligned}
\underline{Y}_2(\omega) &= \frac{I_2}{U_2}\Big|_{U_1=0} = \frac{1}{v_T R_s} + \frac{1}{R_{L,p}} + \frac{1}{R_{C_V,p}} + \frac{1}{j\omega L_p} + j\omega C_{V,p} + j\omega C_0 + j\omega C_{T,p} \\
R_{C_V,p} &= \frac{1}{\omega C_V Q_{C_V}}\left(1 + Q_{C_V}^2\right) \\
C_{V,p} &= C_V \frac{Q_{C_V}^2}{1 + Q_{C_V}^2} \\
Q_{C_V} &= \frac{1}{\omega R_{C_V} C_V} \\
R_{L,p} &= \frac{\omega L}{Q_L}\left(1 + Q_L^2\right) \\
L_p &= L\left(1 + \frac{1}{Q_L^2}\right) \\
Q_L &= \frac{\omega L}{R_L}
\end{aligned}
\tag{4.11}
$$

Die Resonanzbedingung $\mathfrak{Im}\{\underline{Y}_2(\omega_{osc})\} = 0$ wird zur Dimensionierung der Spule L verwendet.

$$
L = \frac{1}{\omega_{osc}^2} \frac{Q_L^2}{1 + Q_L^2} \frac{1}{C_0 + C_V \frac{Q_{C_V}^2}{1 + Q_{C_V}^2} + \frac{1}{\omega_{osc} R_s} \frac{\sqrt{v_T - 1}}{v_T}}
\tag{4.12}
$$

61

Damit bleibt die Größe des Varaktors (C_V) als freier Entwurfsparameter neben dem Impedanztransformationsverhältnis v_T erhalten.

In Abbildung 4.9(b) ist die Dimensionierungsvorschrift für die Spule für verschiedene Varaktorgrößen dargestellt. Die benötigte Induktivität zur Erfüllung der Resonanzbedingung bei $f = f_{osc}$ hängt, verglichen mit der Sensitivität gegenüber der Varaktorkapazität, nur leicht vom Impedanztransformationsverhältnis ab. Damit können auch höhere Transformationsverhältnisse realisiert werden, ohne das eine Reduktion des Stellbereichs des Oszillators zu erwarten ist. Es ist zu beachten, dass die Induktivität L nicht beliebig klein gewählt werden kann. Speziell für Spulen mit einer Induktivität kleiner als 150 pH sinkt die maximal erreichbare Güte, da unterhalb dieser Grenze zur Realisierung nur noch eine Windung verwendet werden kann. Damit wird die Güte anders als bisher angenommen eine Funktion von L und die Herleitungen sind für diesen Fall nur eingeschränkt anwendbar.

Um die Güte des verlustbehafteten Resonators $Q_{RLC,T}$ zu berechnen, wird zunächst aus dem Realteil von $\underline{Y}_2$ der äquivalente Parallelwiderstand des Parallelresonanzkeises $R_{res,p}$ bestimmt.

$$R_{res,p} = \frac{v_T R_s}{1 + v_T R_s \omega_{osc} C_V \frac{Q_{C_V}}{1+Q_{C_V}^2} \left(1 + \frac{Q_{C_V}}{Q_L} + \frac{1}{Q_L} \frac{C_0}{C_V} \frac{1+Q_{C_V}^2}{Q_{C_V}}\right) + \frac{\sqrt{v_T-1}}{Q_L}} \qquad (4.13)$$

Die Güte des verlustbehafteten Resonators ergibt sich damit zu:

$$Q_{RLC,T} = \omega_{osc} \left(C_0 + C_{V,p} + C_{T,p}\right) R_{res,p}. \qquad (4.14)$$

In Abbildung 4.10(a) ist dieser Zusammenhang für einen ausgewählten Fall graphisch dargestellt. Durch die Impedanztransformation steigt die Güte des Parallelresonanzkreises. Allerdings wird der Zuwachs der Güte durch die verlustbehafteten Elemente vermindert. Zudem wird deutlich, dass eine große Varaktorkapazität die Güte verbessert.

Des Weiteren ist der Wirkungsgrad η_T ein wichtiger Parameter des Resonators im Zusammenhang mit der Impedanztransformation. Er bestimmt das Verhältnis der Leistung, die an die Antenne abgeben wird, zur Leistung die insgesamt am Parallelschwingkreis umgesetzt wird.

$$\eta_T = \frac{1}{v_T} \frac{R_{res,p}}{R_s} \qquad (4.15)$$

In Abbildung 4.10(b) ist dieser Zusammenhang für einen ausgewählten Fall graphisch dargestellt. Mit wachsendem Impedanztransformationsfaktor sinkt der Wirkungsgrad, da der Anteil des transformierten Quellwiderstands $v_T R_s$ am äquivalenten Parallelwiderstand des Parallelresonanzkeises $R_{res,p}$ abnimmt und somit für steigende Impedanztransformationsfaktoren weniger Leistung an R_s umgesetzt wird. In Gleichung 3.47 wurde gezeigt, dass sowohl die Güte des Parallelschwingkreises als auch die Sendeleistung des aktiven Reflektors die Reichweite des Abstandsmesssystems beeinflussen. Daher geht für Entfernungen kleiner d_N der Wirkungsgrad η_T und für Entfernungen größer d_N das Produkt $\eta_T Q_{RLC,T}$ direkt in die empfangene Basisbandsignalleistung ein und somit sind sowohl η_T als auch $\eta_T Q_{RLC,T}$ wichtige Parameter zur Optimierung der Reichweite des SILO-basierten FMCW-Radarsystems.

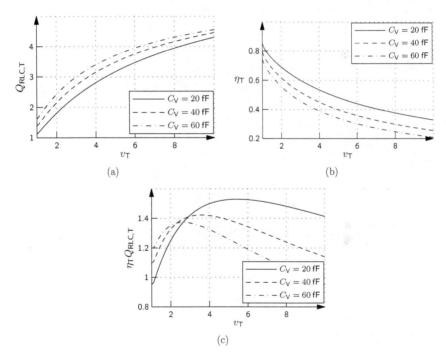

Abbildung 4.10: Güte des Parallelresonanzkeises $Q_{RLC,T}$ (a), Wirkungsgrad η_T (b) sowie das Produkt $\eta_T Q_{RLC,T}$ (c) in Abhängigkeit des Impedanztransformationsfaktors v_T für $R_s = 100\,\Omega$, $f = f_{osc} = 35\,\mathrm{GHz}$, $Q_L = 10$, $Q_{C_V} = 10$ und $C_0 = 40\,\mathrm{fF}$ sowie verschiedene Varaktorgrößen.

In Abbildung 4.10(c) ist dieses Produkt $Q_{\mathrm{RLC,T}}\eta_{\mathrm{T}}$ graphisch dargestellt. Es existiert ein Transformationsverhältnis v_{T} für das dieses Produkt und damit verbunden auch die Reichweite des Systems maximal wird.

Ein weiterer wichtiger Parameter ist der Stell- bzw. Trimmbereich der Resonanzfrequenz Δf_{osc}. Die Kapazität des Varaktors C_{V} variiert mit dem Arbeitspunkt. Über den Zusammenhang in Gleichung 4.16 wird die Resonanzfrequenz f_{osc} eingestellt.

$$f_{\mathrm{osc}} = \frac{1}{2\pi\sqrt{L_{\mathrm{p}}\left(C_0 + C_{\mathrm{T,p}} + C_{\mathrm{V,p}}\right)}} \tag{4.16}$$

In Abbildung 4.11 ist der Trimmbereich der Resonanzfrequenz für einen typischen Fall graphisch dargestellt. Der Einfluss des Impedanztransformationsfaktors ist klein gegenüber der Varaktorgröße. Der Trimmbereich Δf_{osc} wird mit steigender Varaktorkapazität C_{V} vergrößert. Ein großer Trimmbereich ist notwendig, um die Reso-

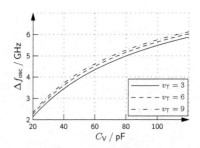

Abbildung 4.11: Trimmbereich der Resonanzfrequenz in Abhängigkeit der Varaktorgröße C_{V} für $R_{\mathrm{s}} = 100\,\Omega$, $f = f_{\mathrm{osc}} = 35\,\mathrm{GHz}$, $Q_{\mathrm{L}} = 10$, $Q_{C_{\mathrm{V}}} = 10$, $C_0 = 40\,\mathrm{fF}$ und einen Varaktorstellbereich von $0.75 C_{\mathrm{V}}$ bis $1.25 C_{\mathrm{V}}$.

nanzfrequenz des Oszillators, die bedingt durch Fertigungstoleranzen variiert, stets auf die gewünschte Oszillationsfrequenz einstellen zu können.

Die Optimierungsstrategie des Parallelresonanzkreises wird wie folgt zusammengefasst:

- Die Resonatorspule ist mit dem Ziel maximaler Güte bei einer geringen Induktivität zu entwerfen. Die Induktivität sollte allerdings groß genug sein, dass die durch die lokale Verdrahtung entstehende, parasitäre Induktivität der Zuleitungen nicht dominant wird.

- Die Varaktorkapazität wird mit der gewählten Spulengröße durch Gleichung 4.12 festgelegt. Zudem ist die in vielen Fällen notwendige DC-Entkopplung und die Arbeitspunktspannungszuführung mit dem Ziel einer maximalen Güte bei einem großen Kapazitätsstellbereich zu entwerfen.

- Das Transformationsverhältnis ist so zu wählen, dass der Faktor $\eta_T Q_{RLC,T}$ maximal wird. Dementsprechend wird C_T gemäß Gleichung 4.9 bestimmt.

- Die parasitäre Kapazität C_0 ist für ein Optimum von Trimmbereich, Wirkungsgrad und Güte durch geeignete Layoutmaßnahmen sowie die Dimensionierung der aktiven Bauelemente zu minimieren.

4.2 Integrierte regenerative Verstärker

Für den im folgenden Abschnitt beschriebenen Entwurf integrierter regenerativer Verstärker ist die in Tabelle 4.1 gezeigte Spezifikation vorgegeben. Die Begriffe integrierter regenerativer Verstärker, geschalteter Oszillator und SILO werden im Folgenden als Synonyme verwendet. Die Ausgangsleistung des geschalteten Oszil-

Tabelle 4.1: Zusammenfassung der Spezifikation

Bezeichnung		Wert
Resonanzfrequenz	f_{osc} =	34.5 GHz
Ausgangsleistung	P_{R_s} $\geq$	7 dBm
Modulationsfrequenz	f_{mod} $\leq$	100 MHz
Einschaltzeit	T_{on} $\leq$	4 ns

lators P_{R_s} wird für eine Systemreichweite von $d = 1 \dots 10$ m festgelegt und die Oszillationsfrequenz f_{osc} ist durch das verwendete Frequenzband gegeben.

Bei der verwendeten Frequenz hat die parasitäre Induktivität der Spannungsversorgungsleitungen durch Bondverbindungen einen erheblichen Einfluss auf die Oszillationsfrequenz von nicht differentiellen Oszillatoren, da sie stets in Serie zur Resonatorinduktivität liegt. Des Weiteren unterliegt sie im Leiterplattenaufbau größeren Herstellungsprozessschwankungen als die Induktivität integrierter Spulen. In den folgenden Abschnitten wird daher der Entwurf von drei voll differentiellen Oszillatorvarianten gezeigt.

4.2.1 Kreuzgekoppelter Oszillator

Im Folgenden wird der Entwurf eines kreuzgekoppelten Oszillators beschrieben. Eine schematische Darstellung der Oszillatorstruktur ist in Abbildung 4.12(a) angegeben. Der Resonator umfasst darin die symmetrische Spule (modelliert durch L_S, k_L und

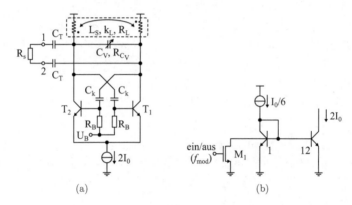

(a)   (b)

Abbildung 4.12: Schematische Darstellung eines kreuzgekoppelten Oszillators (a) mit geschalteter Stromquelle (b).

R_L), die Transformationskapazitäten C_T, die Quellimpedanz R_s, den Varaktor (C_V, R_{C_V}) sowie die Eingangskapazität der aktiven Stufe. In der aktiven Stufe werden die Kollektoren der Transistoren T_1 und T_2 über Koppelkapazitäten C_k kreuzweise auf die Basen rückgekoppelt. Dadurch wird, wie im Abschnitt 3.2.1 beschrieben, ein effektiver negativer Widerstand parallel zum Resonator erzeugt.

Für den strukturierten Entwurf müssen zusätzlich zur Spezifikation aus Tabelle 4.1 Zielwerte für die Resonatorgüte $Q_{\text{RLC,T}}$, den Kleinsignal-Entdämpfungsfaktor n und das Impedanztransformationsverhältnis v_T definiert werden.

Der im Abschnitt 3.2.1 eingeführte Quotient $\frac{n-1}{Q_{\text{RLC}}}$ aus Entdämpfungsfaktor n und Resonanzkreisgüte Q_{RLC} ist ein Systemparameter, der das Verhalten eines geschalteten Oszillators wesentlich bestimmt. Aus den theoretischen Untersuchungen ergibt sich ein Quotient $\frac{n-1}{Q_{\text{RLC,T}}} = 0.75$ als guter Kompromiss zwischen Anschwingzeit und Phasenabtastverhalten. Mit praktisch erreichbaren Resonatorgüten von $Q_{\text{RLC,T}} \geq 2$ ergibt sich daher ein Entdämpfungsfaktor von $n = 2.5$.

Mit den im Abschnitt 4.1.6 hergeleiteten Zusammenhängen für den Faktor $\eta_T \cdot Q_{RLC,T}$ zeigt sich, dass ein Impedanztransformationsverhältnis v_T im Bereich von 3 bis 4 für Spulen und Varaktorgüten im Bereich von 10 das Optimum für die Abstandsmesssystemreichweite darstellt. Es wurde daher ein Impedanztransformationsverhältnis von $v_T = 3$ gewählt.

In Tabelle 4.2 ist diese erweiterte Spezifikation zusammengefasst.

Tabelle 4.2: Erweiterte Spezifikation des kreuzgekoppelten Oszillators.

Bezeichnung	Wert	
Resonatorgüte	$Q_{RLC,T}$	≥ 2
Entdämpfungsfaktor	n	$= 2.5$
Impedanztransformationsverhältnis	v_T	$= 3$

Eine geschlossene symbolische Beschreibung des strukturierten Entwurfsprozesses des kreuzgekoppelten Oszillators ist aufgrund der Nichtlinearität der aktiven Stufe nicht möglich. Daher wird zunächst mit Annahmen basierend auf den vorangegangenen theoretischen Betrachtungen eine Dimensionierung vorgenommen, die anschließend durch Simulationen präzisiert wird.

Dimensionierung

Aus dem Impedanztransformationsverhältnis $v_T = 3$ ergibt sich für eine Oszillationsfrequenz von $f_{osc} = 34.5\,\text{GHz}$ aus Gleichung 4.9 direkt die Transformationskapazität C_T.

$$C_T = 2 \frac{1}{\omega_{osc} R_s} \frac{1}{\sqrt{v_T - 1}} = 65\,\text{fF} \tag{4.17}$$

Der Faktor 2 in der Gleichung ergibt sich darin durch die Serienschaltung der beiden Kapazitäten C_T in der differentiellen Anordnung.

Wie im vorangegangenen Abschnitt gezeigt, ist die Induktivität der Resonatorspule so zu wählen, dass bei einer möglichst kleinen Induktivität noch eine akzeptable Güte erreicht wird. Da die Größe der Spule als Freiheitsgrad für Anpassungen in der *Post-Layout*-Simulation nötig ist, wurde hier zunächst eine Dimensionierung von $L = 250\,\text{pH}$, $Q_L = 18$ gewählt. Damit bleibt die Möglichkeit erhalten, zusätzliche parasitäre Kapazitäten der lokalen Verdrahtung durch eine kleinere Induktivität, ohne signifikante Reduktion der Güte der Resonatorspule, zu kompensieren. Aus der Resonanzbedingung ergibt sich unter Vernachlässigung der Güten direkt die Dimensionierungsvorschrift für die Varaktorkapazität C_V.

$$C_V \approx \frac{1}{\omega_{osc}^2 L} - \frac{C_T}{2\sqrt{2}} - C_0 = 62\,\text{fF} - C_0 \tag{4.18}$$

Des Weiteren ergibt sich aus der Wahl von v_T der benötigte Arbeitspunktstrom der Fußstromquelle I_0 aus der Abschätzung der Ausgangsleistung nach Gleichung 3.18. Die Impedanz des Resonators bei der Oszillationsfrequenz wird nach Gleichung 4.13 bestimmt und beträgt für die gewählten Werte für L, v_T und C_V mit den Annahmen $Q_{C_V} = 10$ und $C_0 = 40\,\text{fF}$ näherungsweise $R_{res,p} \approx 200\,\Omega$. Da in der realen Gesamtschaltung mit zusätzlichen Verlusten durch z.B. das IC-PCB-*Interface* oder den *Balun* zu rechnen ist, wurde ein Sicherheitsfaktor von 1.5 dB für die vom integrierten Oszillator zu generierende Signalleistung eingerechnet. Damit ergibt sich die Ausgangsleistung des integrierten Oszillators $P_{R_s} = 7\,\text{mW}$. Der dafür benötigte Strom I_0 berechnet sich über den in Gleichung 3.18 angegebenen Zusammenhang.

$$I_0 = \frac{\pi}{4R_{res,p}} \sqrt{2R_s v_T P_{R_s}} = 8\,\text{mA}. \tag{4.19}$$

Um eine zusätzliche Reserve für Prozessschwankungen und die Abweichungen zur Näherung in Gleichung 3.18 sicherzustellen, werden die Transistoren T_1 und T_2 für einen Arbeitspunktstrom von je 12 mA ausgelegt. Damit muss für T_1 und T_2 der 6-fache Einheitstransistor der Technologie verwendet werden.

Der Rückkoppelfaktor k ergibt sich aus dem kapazitiven Spannungsteiler von C_k und der Basis-Emitter-Kapazität c_{BE} der Transistoren T_1 und T_2. Er wird zur Einstellung des geforderten Entdämpfungsfaktors n genutzt.

$$k = \frac{C_k}{c_{BE} + C_k} \tag{4.20}$$

Es zeigte sich, dass die in der theoretischen Herleitung verwendete Näherung $R_n = \frac{2}{g_m}$ bei der verwendeten Frequenz nicht mehr gilt. Daher muss n als Funktion von C_k in einer AC-Simulation aus der komplexen Eingangsadmittanz der kreuzgekoppelten Stufe $\underline{Y}_{in,AS}$ ermittelt werden.

$$R_n = \frac{1}{\mathfrak{Re}\{\underline{Y}_{in,AS}\}} \tag{4.21}$$

Der auf diese Weise ermittelte Entdämpfungsfaktor $n = -\frac{R_{res,p}}{R_n}$ ist für die bisherige Dimensionierung in Abbildung 4.13(a) graphisch dargestellt. Es wurde demnach

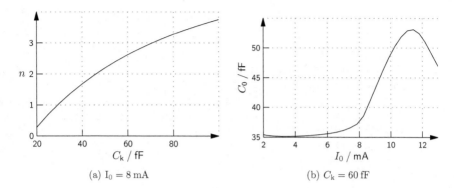

(a) $I_0 = 8 \, \mathrm{mA}$

(b) $C_k = 60 \, \mathrm{fF}$

Abbildung 4.13: Entdämpfungsfaktor n in Abhängigkeit der Koppelkapazität C_k (a) und effektive Eingangskapazität C_0 des kreuzgekoppelten Oszillators in Abhängigkeit des Arbeitspunktstromes I_0 (b) für $C_T = 65\mathrm{fF}$, $L = 250 \, \mathrm{pH}$, $Q_L = 18$, $C_V = 20 \, \mathrm{fF}$ und $Q_{C_V} = 10$.

eine Koppelkapazität von $C_k = 60 \, \mathrm{fF}$ gewählt.

Im nächsten Schritt wird die aussteuerungsabhängige Eingangskapazität der aktiven Stufe bestimmt. Dazu wird in einer *Periodic-Steady-State*-Analyse (PSS) in den Resonator ein sinusförmiges Signal mit der Amplitude gemäß Gleichung 3.18 und der Oszillationsfrequenz $f = f_{\mathrm{osc}}$ eingespeist und mit Hilfe einer *Periodic*-AC-Analyse (PAC) die effektive Kapazität C_0 in Abhängigkeit des Arbeitspunktstromes und damit der Amplitude am Resonator bestimmt. In Abbildung 4.13(b) ist das Ergebnis dieser Simulation dargestellt. Die effektive Eingangskapazität beträgt bis zu einem Arbeitspunktstrom von $8\mathrm{mA}$ näherungsweise $35\mathrm{fF}$. Für größere Ströme steigt die Kapazität auf über $50 \, \mathrm{fF}$ an. Mit diesem Zusammenhang wird die Größe der benötigten Spule L exakt festgelegt. Für die angestrebte Ausgangsleistung war die verwendete Abschätzung der effektiven Kapazität von $40 \, \mathrm{fF}$ hinreichend exakt. Daher wird auch der bisher verwendete Wert für die Induktivität der Spule von $L = 250 \, \mathrm{pH}$ beibehalten.

Der Widerstand R_B zur Einstellung des Arbeitspunktes der Transistoren T_1 und T_2 (*Bias*-Widerstand) ist ab einer Größe von $1 \, \mathrm{k\Omega}$ für die Oszillatoreigenschaften nicht relevant und wird so dimensioniert, dass mit dem gegebenen Basisstrom maximal $100 \, \mathrm{mV}$ Spannungsabfall entsteht. Es wurde demnach $R_B = 2 \, \mathrm{k\Omega}$ gewählt.

In Tabelle 4.3 ist die abgeleitete Dimensionierung der Schaltungsparameter nach Abbildung 4.12(a) zusammengefasst.

Tabelle 4.3: Zusammenfassung der Dimensionierung

Bezeichnung	Wert
Transistorgröße	T_1, T_2: 6-mal Einheitstransistor
Transformationskapazität	$C_T = 65\,\mathrm{fF}$
Rückkoppelkapazität	$C_k = 60\,\mathrm{fF}$
Spule	$L = 250\,\mathrm{pH}$, $Q_L = 18$
Varaktor	$C_V = 20\,\mathrm{fF}$, $Q_{C_V} = 10$, $C_{V,max} = 2.2 C_{V,min}$
Arbeitspunktstrom	$I_0 = 8\,\mathrm{mA}$
Arbeitspunktspannung	$U_B = 2\,\mathrm{V}$
Bias-Widerstand	$R_B = 2\,\mathrm{k\Omega}$

Schematic-Simulation

Mit der im vorangegangenen Abschnitt ermittelten Dimensionierung wurde der Oszillator in einer *Schematic*-Simulation untersucht. In dieser Simulation wurden die vereinfachten Modelle für die Spule und den Varaktor aus Abschnitt 4.1.4 und 4.1.5 verwendet. In einer PSS-Analyse wurde die Oszillationsfrequenz und die Ausgangsleistung bei der ersten Harmonischen der Oszillationsfrequenz bestimmt. In Abbil-

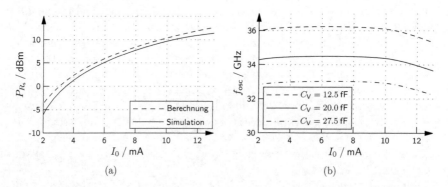

Abbildung 4.14: Ausgangsleistung P_{R_s} und Oszillationsfrequenz f_{osc} des kreuzgekoppelten Oszillators für die Dimensionierung nach Tabelle 4.3 für einen Varaktorstellbereich von $C_{V,max} = 2.2 C_{V,min}$.

dung 4.14(a) ist die Abhängigkeit der Ausgangsleistung P_{R_s} vom Arbeitspunktstrom

I_0 dargestellt. Die mit der Näherung aus Gleichung 3.18 berechnete Ausgangsleistung stimmt gut mit den simulierten Werten überein. Die Abweichungen sind darauf zurückzuführen, dass der Strom durch die Transistoren des Differenzpaares nicht wie angenommen rechteckförmig mit dem Maximalwert $2I_0$ ist, sondern in der Praxis eher einen sinusförmigen Verlauf hat. Damit sinkt die dem Resonator in jeder Periode zugeführte Leistung und die Ausgangsleistung des Oszillators im eingeschwungenen Zustand ist dementsprechend etwas niedriger als vorhergesagt.

Der Verlauf der Oszillationsfrequenz f_{osc} in Abhängigkeit vom Arbeitspunktstrom I_0 ist in Abbildung 4.14(b) für die äußeren Grenzen des Varaktorstellbereiches dargestellt. Die Oszillationsfrequenz f_{osc} ist bis zu einem Arbeitspunktstrom von circa 10 mA nahezu konstant und kann mit dem Varaktor in einem Bereich von 33.0 bis 36.2 GHz eingestellt werden. Der sich ergebende Stellbereich der Oszillationsfrequenz beträgt 3.2 GHz und ist damit etwas niedriger als im Abschnitt 4.1.6 vorhergesagt.

Des Weiteren ist der Eingangsreflexionsfaktor Γ_{in} ein Schaltungsparameter, der das Systemverhalten beeinflusst. Er beschreibt, welcher Anteil der Signalleistung des injizierten Eingangssignals direkt am Eingang des Oszillators reflektiert wird und damit nicht am Resonator zur Definition der Startphase beiträgt. Der Eingangsreflexionsfaktor ist somit nur für den Fall des ausgeschalteten Oszillators von Bedeutung und ist demnach unabhängig vom Arbeitspunktstrom des kreuzgekoppelten Differenzpaares. In Abbildung 4.15 ist der Betrag von Γ_{in} in Abhängigkeit der Frequenz

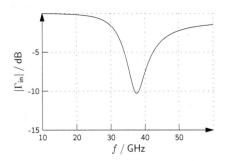

Abbildung 4.15: Eingangsreflexionsfaktor Γ_{in} des ausgeschalteten kreuzgekoppelten Oszillators für die Dimensionierung nach Tabelle 4.3.

dargestellt. Durch die Dimensionierung des Resonators kommt eine Anpassung in der Nähe der Zielfrequenz von $f_{\text{osc}} = 34.5\,\text{GHz}$ zustande. Durch die aussteuerungs-abhängige Eingangskapazität der kreuzgekoppelten Stufe liegt das Minimum von $|\Gamma_{\text{in}}|$ jedoch nicht exakt bei der Resonanzfrequenz sondern bei etwas höheren Fre-quenzen. Mit steigendem Impedanztransformationsverhältnis v_{T} verschiebt sich das Minimum von $|\Gamma_{\text{in}}|$ zu höheren Frequenzen. Des Weiteren hat die Güte der passiven Elemente des Resonators (Spule und Varaktor) einen Einfluss auf Γ_{in}. Nur wenn der äquivalente Parallelwiderstand der passiven Elemente im Bereich der transformier-ten Quellimpedanz $v_{\text{T}} R_{\text{s}}$ liegt, ist die Anpassbedingung erfüllt. Der gewählte Impe-

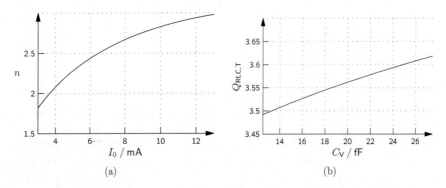

(a)   (b)

Abbildung 4.16: Kleinsignalentdämpfungsfaktor n und Güte des Resonators $Q_{\text{RLC,T}}$ des kreuzgekoppelten Oszillators für die Dimensionierung nach Ta-belle 4.3.

danztransformationsfaktor von $v_{\text{T}} = 3$ führt zu einem guten Kompromiss in Bezug auf die Optimierung von Güte $Q_{\text{RLC,T}}$, Transformationswirkungsgrad η_{T} und Ein-gangsreflexionsfaktor Γ_{in}. Der Betrag von Γ_{in} beträgt bei der Zielfrequenz $-5.8\,\text{dB}$

In den theoretischen Herleitungen im Kapitel 3 wurde gezeigt, dass sich ein kleiner Entdämpfungsfaktor n positiv auf das Phasenabtastverhalten auswirkt. Daher ist es für einen Vergleich verschiedener Oszillatorvarianten notwendig, die Abhängigkeit des Entdämpfungsfaktors n vom Arbeitspunktstrom zu kennen, um die Ergebnisse richtig interpretieren zu können. In Abbildung 4.16(a) ist diese graphisch dargestellt.

Des Weiteren ist die Resonatorgüte $Q_{\text{RLC,T}}$ der Parameter der die Rauschband-breite und damit die effektive Rauschspannung am Resonator bestimmt. Sie ist in Abbildung 4.16(b) in Abhängigkeit der Varaktorkapazität dargestellt. Die Resonanzkreisgüte $Q_{\mathrm{RLC,T}}$ hängt nur schwach von der Varaktorkapazität ab. Sie wird daher für die Berechnung der Rauschleistung P_{N} nach Gleichung 3.27 als näherungsweise konstant mit $Q_{\mathrm{RLC,T}} = 3.6$ angenommen.

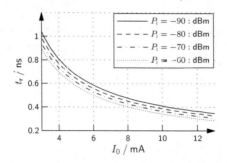

Abbildung 4.17: Anschwingzeit t_{r} des kreuzgekoppelten Oszillators für verschiedene Injektionsleistungen in Abhängigkeit des Arbeitspunktstromes I_0 für die Dimensionierung nach Tabelle 4.3.

Die Stromquelle des kreuzgekoppelten Oszillators wurde, wie in Abbildung 4.12(b) dargestellt, als einfacher Stromspiegel realisiert. Zum Ein- bzw. Ausschalten des Oszillators wurde ein NMOS-Transistor zwischen dem gemeinsamen Basisknoten der Stromspiegeltransistoren und Masse eingefügt. Für den Fall, dass der NMOS-Transistor leitet, fließt der Referenzstrom durch den NMOS-Transistor zur Masse und der Arbeitspunktstrom ist näherungsweise gleich null. Beim Ausschalten des NMOS-Transistors, das heißt beim Einschalten des Oszillators wird der Basisknoten zunächst linear über den Referenzstrom geladen und nähert sich dann der Basis-Emitterspannung im Arbeitspunkt $U_{\mathrm{BE,A}}$ exponentiell an. Dadurch wird der effektive Einschaltzeitpunkt abhängig vom Arbeitspunktstrom, da die Zeit bis zum Erreichen von $U_{\mathrm{BE,A}}$ durch die Kapazität am Basisknoten sowie den Referenzstrom bestimmt wird. Diese Verzögerung stellt eine Verschiebung des Phasenabtastzeitpunktes dar. Das Ausschalten des Oszillators ist im Vergleich dazu näherungsweise verzögerungsfrei, da bereits eine Entladung des Basisknotens von wenigen Vielfachen von U_T dafür sorgt, dass der Arbeitspunktstrom des kreuzgekoppelten Differenzpaares soweit absinkt, dass der Entdämpfungsfaktor kleiner eins wird.

Durch diesen in der Hauptsache auf die Einschaltverzögerung wirkenden Effekt wird die Einschaltzeit des Oszillators T_{on}, die durch die Pulsweite des Schaltsignals eingestellt wird, um die Anschwingzeit verkürzt. Zusätzlich ist die Anschwingzeit wie im Abschnitt 3.2.3 beschrieben abhängig vom Entdämpfungsfaktor n. Durch den, in Abbildung 4.16(a) dargestellten, Zusammenhang ergibt sich eine zusätzliche Erhöhung der Anschwingzeit für niedrige Arbeitspunktströme. In Abbildung 4.17 ist die Anschwingzeit t_r in Abhängigkeit des Arbeitspunktstromes dargestellt. Die Anschwingzeit ist indirekt proportional zum Arbeitspunktstrom. Der Einfluss der Injektionsleistung P_i auf die Anschwingzeit sinkt mit steigendem Arbeitspunktstrom und beträgt weniger als 100 ps für Arbeitspunktströme oberhalb von 8 mA bei einer Variation der Injektionsleistung um 30 dB.

Layout-Entwurf

Der kreuzgekoppelte Oszillator wurde in der SG25H1-Technologie der Firma IHP-MICROELECTRONICS [37] entworfen. In Abbildung 4.18 ist die *Layout*-Realisierung dargestellt. Darin entspricht der mit VCO gekennzeichnete Bereich dem bisher beschriebenen Entwurf. Des Weiteren enthält der IC vier Digital-Analog-Wandler (DAC) zur internen Erzeugung der beiden Einstellspannungen für den Varaktor, der Arbeitspunktspannung U_B und des Referenzstromes I_0. Die beiden zusätzlich enthaltenen DACs werden in diesem Design nicht verwendet. Zudem wurden eine Referenzstromquelle (PTAT), eine Seriell-Parallel-Schnittstelle (SPI) und Schaltungen zur Steuerung und Pulserzeugung (PulseGen) integriert.

Die Blöcke DAC, PTAT, SPI und PulseGen werden in dem IC über die beiden DC-*Pads*, die mit „vdd" bezeichnet sind, versorgt. Die Versorgungsspannungspads „vcc" versorgen ausschließlich den Oszillator. Die *Pads* „di" und „clk" sind digitale Eingänge, die zur Konfiguration der DACs und weiterer Testfunktionen über das SPI dienen. Des Weiteren wird das „clk"-Signal gleichzeitig als Schaltsignal für den Oszillator verwendet. Die beiden HF-*Pads* „RF+" und „RF-" bilden den differentiellen Signaleingang bzw. Signalausgang des Oszillators.

Aus der *Layout*-Darstellung wird deutlich, dass durch die praktische Umsetzung zusätzliche Randbedingungen zu beachten sind. Zum einen besitzen die Signalpads durch ihre geometrischen Abmessungen eine Kapazität von 30 fF bis 50 fF die im Entwurf berücksichtigt werden muss. Zum anderen müssen die HF-Signalanschlüsse des Oszillators, die in der Abbildung mit „+" und „-" gekennzeichnet sind, mit den HF-Signalpads über eine Entfernung von mindestens 200 μm verbunden werden. Diese Entfernung entspricht bei der Zielfrequenz von 34.5 GHz bereits 17 % der Wellenlänge und führt daher zu einer merklichen Impedanztransformation.

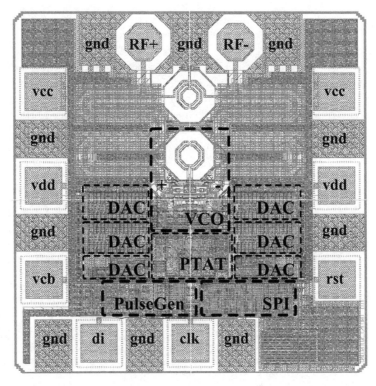

Abbildung 4.18: *Layout*-Darstellung des kreuzgekoppelten Oszillators mit den Dimensionen 770 μm x 770 μm = 0.59 mm².

Um diese beiden *Layout*-Einflüsse zu kompensieren, wurde eine zusätzliche differentielle Spule ($L = 380$ pH, $Q_L = 17$) an den Pads sowie je eine impedanzkontrollierte Mikrostreifenleitung ($Z_W = 50\,\Omega$, $l = 740\,\mu$m) zwischen *Pad* und Oszillator eingefügt.

Post-*Layout*-Simulation

In der *Post-Layout*-Simulation wurden für Kleinsignalanalysen die in EM-Simulationen (SonnetEM) ermittelten S-Parameter der Spulen sowie der HF-*Pads* verwendet. Für die Großsignalzeitbereichsanalysen (PSS) wurden für die Spulen die vereinfachten Modelle gemäß Abschnitt 4.1.4 und für die HF-*Pads* eine Ersatzschaltung basierend auf einer Parallelschaltung einer Kapazität mit 24.4 fF und einem Widerstand von 6 kΩ genutzt, da die Konversion von S-Parametern in den Zeitbereich keine konvergierenden Simulationen erlaubte. Für den Varaktor wurde das Technologiemodell verwendet. Für die Mikrostreifenleitungen wurde ein Leitungsmodel bestehend aus konzentrierten Elementen genutzt. Dabei wurden die verteilten Elemente basierend auf der EM-simulierten RLGC-Matrix bei der Zielfrequenz beschrieben. Des Weiteren wurde zur Abbildung der Einflüsse der lokalen Verdrahtung des kreuzgekoppelten Paares eine RC-Extraktion des Oszillatorkerns durchgeführt und in allen *Post-Layout*-Simulationen berücksichtigt.

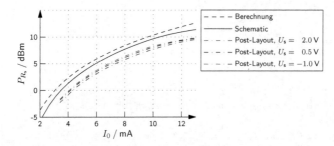

Abbildung 4.19: Vergleich der Ausgangsleistung P_{R_s} des kreuzgekoppelten Oszillators zwischen *Schematic* und *Post-Layout*-Simulation.

In Abbildung 4.19 ist der Vergleich der Ausgangsleistung in Abhängigkeit des Arbeitspunktstromes zwischen Berechnung, *Schematic*- und *Post-Layout*-Simulation dargestellt. Durch die Verluste in der zusätzlichen Spule sowie in den beiden Mikrostreifenleitungen ist die Ausgangsleistung etwa 1.5 dB niedriger als in der *Schematic*-Simulation und damit etwa 2.3 dB geringer als berechnet. Des Weiteren ist eine geringe Abhängigkeit der Ausgangsleistung (0.6 dB) von der Varaktorsteuerspannung zu sehen. Die Ursache dafür ist die in Abbildung 4.6(b) gezeigte Abhängigkeit der Varaktorgüte von der Steuerspannung. Die Ausgangsleistung in Abhängigkeit des Arbeitspunktstromes wird unter Berücksichtigung der zusätzlichen Verluste durch Layout-Einflüsse (1.5 dB) und der Abweichungen durch die Annahme eines rechteckförmigen Stromverlaufs (0.8 dB) gut durch Gleichung 3.18 vorhergesagt.

Die Abhängigkeit der Oszillationsfrequenz vom Arbeitspunktstrom ist als Vergleich zwischen *Schematic* und *Post-Layout*-Simulation in Abbildung 4.20 dargestellt. Der Stellbereich der Oszillationsfrequenz ist in der *Post-Layout*-Simulation

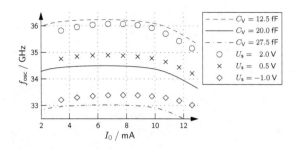

Abbildung 4.20: Vergleich der Oszillationsfrequenz f_{osc} des kreuzgekoppelten Oszillators zwischen *Schematic* (Linien) und *Post-Layout*-Simulation (Symbole).

mit 2.7 GHz etwas niedriger als in der *Schematic*-Simulation vorhergesagt. Der Grund dafür ist die zusätzliche parasitäre Kapazität durch die lokale Verdrahtung, die das Verhältnis von variabler (C_{V}) zu konstanter Kapazität (C_0) verringert und damit den Stellbereich reduziert. Des Weiteren wurde die Induktivität der Spule von 250 pH auf 235 pH reduziert, um die Abnahme der Oszillationsfrequenz durch die zusätzlichen parasitären Verdrahtungskapazitäten zu kompensieren.

In Abbildung 4.21 ist der Vergleich des Eingangsreflexionsfaktors zwischen *Schematic* und *Post-Layout*-Simulation dargestellt. Die zusätzlich eingefügte Spule sowie

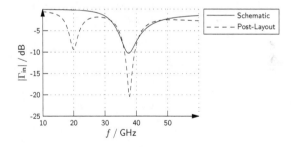

Abbildung 4.21: Vergleich des Eingangsreflexionsfaktors Γ_{in} des ausgeschalteten kreuzgekoppelten Oszillators zwischen *Schematic* und *Post-Layout*-Simulation.

die Mikrostreifenleitungen kompensieren den Einfluss der *Pad*-Kapazität im Bereich der Zielfrequenz gut. Der Betrag des Eingangsreflexionsfaktors Γ_{in} beträgt für die Zielfrequenz -5.3 dB. Damit werden circa 30 % der injizierten Signalleistung am IC-Eingang reflektiert und stehen nicht zur Definition der Startphase der Oszillation zur Verfügung. Die Abweichung des Eingangsreflexionsfaktors im Bereich von 20 GHz wird durch die Mikrostreifenleitung verursacht. Sie hat aber keinen Einfluss auf die Systemeigenschaften, da der Resonator mögliche in diesem Frequenzbereich einkoppelnde Signale hinreichend gut unterdrückt.

Die Resonatorgüte $Q_{RLC,T}$ ist in Abbildung 4.22 in Abhängigkeit der Varaktorsteuerspannung dargestellt. Die Resonanzkreisgüte $Q_{RLC,T}$ hängt auch mit dem vollständigen Varaktormodell nur schwach von der Varaktorkapazität ab und weicht mit $Q_{RLC,T} = 3.4$ kaum von dem in der *Schematic*-Simulation bestimmten Wert ab.

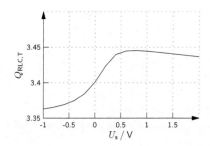

Abbildung 4.22: Güte des Resonators $Q_{RLC,T}$ des kreuzgekoppelten Oszillators in Abhängigkeit der Varaktorsteuerspannung U_S basierend auf der *Post-Layout*-Simulation.

Betrachtung des Rauschens während der Phasenabtastung

Der wichtigste Systemparameter, der aus der Resonatorgüte abgeleitet wird, ist die eingangsbezogene Rauschleistung des SILO. Nach dem im Abschnitt 3.3 verwendeten Modell ergibt sich die effektive Rauschleistung aus der Resonatorgüte zu $P_N = -67.8$ dBm. Da in diesem Modell die Elemente des Resonators verlustfrei modelliert wurden, muss das Rauschen des äquivalenten Parallelwiderstandes der Resonatorelemente auf den Eingang umgerechnet werden, um dessen eingangsbezogenes Rauschen zu berücksichtigen. Dazu wird die Rauschspannungsquelle des Verlustwiderstandes zum Eingang zurückgerechnet. Bei der Resonanzfrequenz vereinfacht sich das Netzwerk zu einem resistiven Spannungsteiler zwischen dem Quellwiderstand $R_s = v_T \cdot 100\,\Omega$ und dem Verlustwiderstand $R_v = 1.2\,\mathrm{k}\Omega$. Da P_N im Abschnitt 3.3 aus dem Verhältnis U_{N,R_s} zu U_i abgeleitet wurde, ergibt sich unter Berücksichtigung des verlustbehafteten Resonators für die eingangsbezogene Rauschleistung des SILO $P_{i,N} = \left(1 + \frac{R_s}{R_v}\right) P_N = -66.8\mathrm{dBm}$. Das heißt nach dem Modell aus Abschnitt 3.3 kann der kreuzgekoppelte Oszillator für Injektionsleistungen von $P_i > -66.8\,\mathrm{dBm}$ als idealer regenerativer Verstärker aufgefasst werden. Für kleinere Injektionsleistungen nimmt nach dem Modell der phasenkohärente Anteil der Oszillatorantwort dB-linear mit der Injektionsleistung ab.

4.2.2 *Common-Base-Colpitts*-Oszillator

Im Folgenden wird der Entwurf eines *Common-Base-Colpitts*-Oszillators beschrieben. Eine schematische Darstellung der Oszillatorstruktur ist in Abbildung 4.12(a) angegeben.

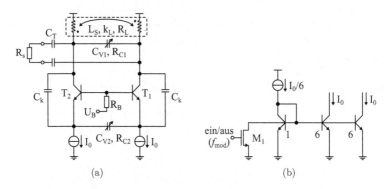

Abbildung 4.23: Schematische Darstellung eines differentiellen *Common-Base-Colpitts*-Oszillators (a) mit geschalteter Stromquelle (b).

Der Resonator wird darin wie beim kreuzgekoppelten Oszillator durch die differentielle Spule (modelliert durch L_S, k_L und R_L), die Transformationskapazitäten C_T, der Quellimpedanz R_s, dem Varaktor C_{V1} sowie der Eingangskapazität der aktiven Stufe gebildet. In der aktiven Stufe sind die Transistoren T_1 und T_2 als Basisstufen angeordnet, deren Kollektoren über Koppelkapazitäten C_k auf die jeweiligen Emitter mitgekoppelt sind. Ein zusätzlicher Varaktor C_{V2} wurde eingeführt, um den

Entdämpfungsfaktor n zu variieren und um den Stellbereich der Resonanzfrequenz zu erweitern.

Im Unterschied zum kreuzgekoppelten Oszillator werden für den Entwurf des *Common-Base-Colpitts*-Oszillators andere Zielwerte für die Resonatorgüte $Q_{RLC,T}$, den Kleinsignal-Entdämpfungsfaktor n und das Impedanztransformationsverhältnis v_T (vgl. Tabelle 4.4) definiert, um den Einfluss dieser auf das Systemverhalten zu untersuchen.

Tabelle 4.4: Erweiterte Spezifikation des *Common-Base-Colpitts*-Oszillators.

Bezeichnung	Wert		
Resonatorgüte	$Q_{RLC,T}$	$\geq$	5
Entdämpfungsfaktor	n	$=$	2.0
Impedanztransformationsverhältnis	v_T	$=$	6

Der strukturierte Entwurfsprozess des *Common-Base-Colpitts*-Oszillators verläuft analog zum kreuzgekoppelten Oszillator. Daher werden im folgenden nur die Ergebnisse und nicht die Methodik gezeigt.

Dimensionierung

In Tabelle 4.5 ist die aus dem Entwurfsprozess abgeleitete Dimensionierung der Schaltungsparameter nach Abbildung 4.23(a) zusammengefasst.

Tabelle 4.5: Zusammenfassung der Dimensionierung

Bezeichnung	Wert
Transistorgröße	T_1, T_2: 6-mal Einheitstransistor
Transformationskapazität	$C_T = 40\,\mathrm{fF}$
Rückkoppelkapazität	$C_k = 85\,\mathrm{fF}$
Spule	$L = 260\,\mathrm{pH}$, $Q_L = 18$
Varaktor 1	$C_{V1} = 20\,\mathrm{fF}$, $Q_{C_{V1}} = 10$, $C_{V1,max} = 2.2 C_{V1,min}$
Varaktor 2	$C_{V2} = 90\,\mathrm{fF}$, $Q_{C_{V2}} = 18$, $C_{V1,max} = 1.6 C_{V1,min}$
Arbeitspunktstrom	$I_0 = 8\,\mathrm{mA}$
Arbeitspunktspannung	$U_B = 2\,\mathrm{V}$
Bias-Widerstand	$R_B = 500\,\Omega$

Schematic-Simulation

Basierend auf der in Tabelle 4.5 angegebenen Dimensionierung wurde der *Common-Base-Colpitts*-Oszillator in der *Schematic*-Simulation untersucht. Die passiven Elemente wurde dabei analog zu den Simulationen des kreuzgekoppelten Oszillators modelliert.

In Abbildung 4.24(a) und (b) sind die Abhängigkeiten der Ausgangsleistung P_{R_s} und der Oszillationsfrequenz f_{osc} vom Arbeitspunktstrom dargestellt. Auch für den

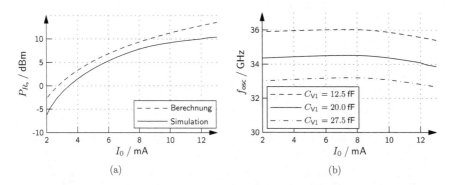

(a)   (b)

Abbildung 4.24: Ausgangsleistung P_{R_s} und Oszillationsfrequenz f_{osc} des *Common-Base-Colpitts*-Oszillators für die Dimensionierung nach Tabelle 4.5 für einen Varaktorstellbereich von $C_{V1,max} = 2.2C_{V1,min}$.

Common-Base-Colpitts-Oszillator kann die Näherung auf Gleichung 3.18 zur Berechnung der Ausgangsleistung verwendet werden, da auch bei diesem Oszillatortyp der Strom im Idealfall rechteckförmig zwischen den beiden Transistoren T_1 und T_2 umgeschaltet wird. Die Abweichungen zur Berechnung sind allerdings mit 1.5 dB etwas größer als beim kreuzgekoppelten Oszillator. Die Resonanzfrequenz ist ebenfalls bis zu einem Arbeitspunktstrom von circa 10 mA arbeitspunktunabhängig. Der Stellbereich ist durch die vergleichbare Dimensionierung des Resonators nahezu identisch zu den Ergebnissen des kreuzgekoppelten Oszillators und beträgt 2.8 GHz. Er kann durch den zweiten Varaktor noch etwas erhöht werden. Die dazu nötige Variation von C_{V2} hat wie später gezeigt wird eine Veränderung des Entdämpfungsfaktors n zur Folge und ist daher nicht primär zur Frequenzeinstellung vorgesehen.

81

Der Eingangsreflexionsfaktor des *Common-Base-Colpitts*-Oszillators ist in Abbildung 4.25 dargestellt. Im Unterschied zum entworfenen kreuzgekoppelten Oszillator

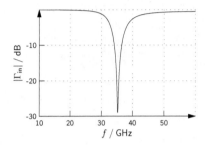

Abbildung 4.25: Eingangsreflexionsfaktor Γ_{in} des ausgeschalteten *Common-Base-Colpitts*-Oszillators C_0 für die Dimensionierung nach Tabelle 4.5.

liegt hier im Bereich der Zielfrequenz Anpassung vor. Das ist dadurch begründet, dass zum einen die Kapazität des *Common-Base-Colpitts*-Oszillator nur schwach arbeitspunkt- und aussteuerungsabhängig ist. Damit ist die Resonanzbedingung am Parallelschwingkreis für den ausgeschalteten und den eingeschalteten Oszillator praktisch identisch. Zum anderen ist für die gewählte Dimensionierung des Transformationsfaktors v_{T} der effektive Parallelwiderstand der verlustbehafteten Elemente des Resonators gleich dem transformierten Quellwiderstand. Dadurch ist der ausgeschaltete Oszillator an den Quellwiderstand angepasst.

Wie in Abbildung 4.26(a) dargestellt, ist der Entdämpfungsfaktor n beim *Common-Base-Colpitts*-Oszillator für Arbeitspunktströme oberhalb von 4 mA nahezu arbeitspunktunabhängig. Damit kann die Ausgangsleistung des *Common-Base-Colpitts*-Oszillators über die Wahl das Stromes angepasst werden, ohne wie beim kreuzgekoppelten Oszillator den Entdämpfungsfaktor stark zu verändern.

Des Weiteren kann in einem kleinen Bereich der Entdämpfungsfaktor, der eine Funktion des Rückkoppelfaktors ist, über den Varaktor C_{V2} variiert werden.

Die Resonatorgüte $Q_{\mathrm{RLC,T}}$ ist in Abhängigkeit der Varaktorkapazität C_{V1} in Abbildung 4.26(b) dargestellt. Sie ist nahezu unabhängig von den beiden Varaktorkapazitätsstellwerten und beträgt näherungsweise $Q_{\mathrm{RLC,T}} \approx 5.8$.

Die geschaltete Stromquelle des *Common-Base-Colpitts*-Oszillators (Abbildung 4.23(b)) wurde analog zur Stromquelle des kreuzgekoppelte Oszillators entworfen.

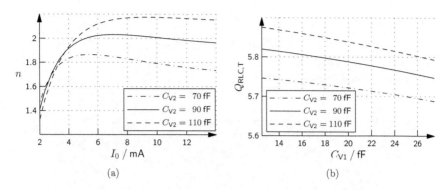

(a)　　　　　　　　　　　　　　　　(b)

Abbildung 4.26: Kleinsignalentdämpfungsfaktor n und Güte des Resonators $Q_{\mathrm{RLC,T}}$ des *Common-Base-Colpitts*-Oszillators für die Dimensionierung nach Tabelle 4.5.

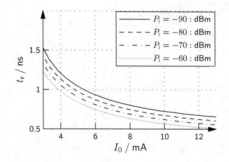

Abbildung 4.27: Anschwingzeit t_{r} des *Common-Base-Colpitts*-Oszillators für verschiedene Injektionsleistungen in Abhängigkeit des Arbeitspunktstromes I_0 für die Dimensionierung nach Tabelle 4.3.

Daher ist auch hier die Anschwingzeit des Oszillators vom gewählten Arbeitspunktstrom abhängig. Die in Abbildung 4.27 dargestellten Simulationsergebnisse für die Anschwingzeit zeigen, dass erwartungsgemäß durch den kleineren Entdämpfungsfaktor n und die höhere Resonatorgüte $Q_{\mathrm{RLC,T}}$ die Anschwingzeit größer ist als beim kreuzgekoppelten Oszillator. Des Weiteren steigt die Abhängigkeit der Anschwingzeit auf circa 200 ps für eine Variation der Injektionsleistung um 30 dB.

Layout-Entwurf

Der *Common-Base-Colpitts*-Oszillator wurde ebenfalls in der SG25H1-Technologie der Firma IHP-MICROELECTRONICS [37] entworfen. In Abbildung 4.28 ist die *Layout*-Realisierung dargestellt.

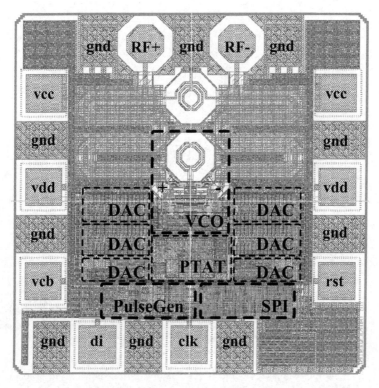

Abbildung 4.28: *Layout*-Darstellung des *Common-Base-Colpitts*-Oszillator mit den Dimensionen 770 μm x 770 μm = 0.59 mm^2.

Das *Top-Level-Layouts* ist optisch nicht von dem des kreuzgekoppelten Oszillators zu unterscheiden. Die Ursache dafür ist, dass alle Blöcke außer dem Oszillatorkern identisch gestaltet wurden, um einen guten Vergleich der beiden Oszillatortypen zu ermöglichen. Die Unterschiede in der lokalen Verdrahtung des Oszillatorkerns sowie die geringfügig abweichenden Parameter der Spule und der Kapazitäten im Oszillator sind in der Vergrößerungsstufe nicht sichtbar.

Zur Kompensation der Pad-Kapazität wurde wie beim kreuzgekoppelten Oszillator eine zusätzliche differentielle Spule ($L = 380\,\text{pH}$, $Q_\text{L} = 17$) an den Pads sowie je eine impedanzkontrollierte Mikrostreifenleitung ($Z_\text{W} = 50\,\Omega$, $l = 740\,\mu\text{m}$) zwischen *Pad* und Oszillator eingefügt.

Post-Layout-Simulation

Die Spulen, Mikrostreifenleitungen, HF-*Pads* und Varaktoren wurden analog zur Beschreibung der *Post-Layout*-Simulation des kreuzgekoppelten Oszillators modelliert. Damit erhält man die in Abbildung 4.29 dargestellte Abhängigkeit der Ausgangsleistung vom Arbeitspunktstrom. Die Ausgangsleistung in der *Post-Layout*-

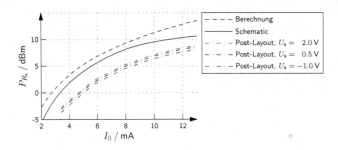

Abbildung 4.29: Vergleich der Ausgangsleistung P_{R_s} des *Common-Base-Colpitts*-Oszillators zwischen *Schematic* und *Post-Layout*-Simulation.

Simulation ist etwa 3 dB niedriger als in der *Schematic*-Simulation vorhergesagt. Die Hauptursache dafür ist die geringere Güte am Resonator, bedingt durch die verwendeten realen Varaktormodelle.

In Abbildung 4.30 ist die Oszillationsfrequenz als Ergebnis der *Post-Layout*-Simulation im Vergleich zur *Schematic*-Simulation dargestellt. Der Stellbereich der Oszillationsfrequenz ist in der *Post-Layout*-Simulation geringfügig vermindert und beträgt 2.5 GHz. Auch hier musste die Induktivität der Spule von 260 pH auf 235 pH reduziert werden, um die zusätzlichen parasitären Verdrahtungskapazitäten zu kompensieren.

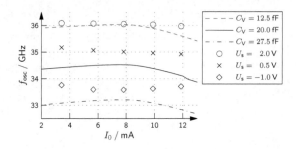

Abbildung 4.30: Vergleich der Oszillationsfrequenz f_{osc} des *Common-Base-Colpitts*-Oszillators zwischen *Schematic* (Linien) und *Post-Layout*-Simulation (Symbole).

Der Vergleich des Eingangsreflexionsfaktors des *Common-Base-Colpitts*-Oszillators zwischen *Schematic* und *Post-Layout*-Simulation ist in Abbildung 4.31 dargestellt. Es tritt eine geringfügige Verschiebung der Anpassfrequenz auf. Diese wird verursacht durch die verwendete niedrigere Spuleninduktivität. Des Weiteren wird durch die Aussteuerungsabhängigkeit der Varaktorkapazität der Unterschied zwischen der Kleinsignalkapazität des ausgeschalteten Oszillators und der effektiven Resonatorkapazität im stationären Zustand größer. Da die Spuleninduktivität für

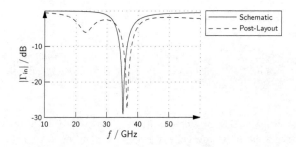

Abbildung 4.31: Vergleich des Eingangsreflexionsfaktors Γ_{in} des ausgeschalteten *Common-Base-Colpitts*-Oszillators zwischen *Schematic* und *Post-Layout*-Simulation.

den stationären Zustand angepasst wurde, verschiebt sich somit die Anpassfrequenz.

Die Resonatorgüte $Q_{RLC,T}$ ist in Abbildung 4.32 in Abhängigkeit der Varaktor-steuerspannung dargestellt. Sie ist auch mit dem vollständigen Varaktormodell nur schwach von der Varaktorkapazität abhängig und mit $Q_{RLC,T} = 4.4$ etwas geringer als in der *Schematic*-Simulation bestimmt.

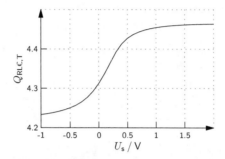

Abbildung 4.32: Güte des Resonators $Q_{RLC,T}$ des *Common-Base-Colpitts*-Oszilla-tors in Abhängigkeit der Varaktorsteuerspannung U_S basierend auf der *Post-Layout*-Simulation.

Betrachtung des Rauschens während der Phasenabtastung

Wie beim kreuzgekoppelten Oszillator beschrieben, wird aus der Resonatorgüte die eingangsbezogene Rauschleistung des SILO abgeleitet. Nach dem im Abschnitt 3.3 verwendeten Modell ergibt sich die effektive Rauschleistung aus der Resonatorgüte zu $P_N = -68.8$ dBm. Für den *Common-Base-Colpitts*-Oszillator ergibt sich daher mit dem äquivalenten Parallelwiderstand der Resonatorelemente $R_v = 600\ \Omega$ und dem Impedanztransformationsverhältnis $v_T = 6$ die eingangsbezogene Rauschleis-tung $P_{i,N} = -65.8$ dBm. Das heißt nach dem Modell aus Abschnitt 3.3 kann der *Common-Base-Colpitts*-Oszillator für Injektionsleistungen von $P_i > -65.8$ dBm als idealer regenerativer Verstärker aufgefasst werden. Für kleinere Injektionsleistun-gen nimmt nach dem Modell der phasenkohärente Anteil der Oszillatorantwort dB-linear mit der Injektionsleistung ab.

4.2.3 LC-Ringoszillator

Im folgenden Abschnitt wird der Entwurf einer mehrstufigen Oszillatorvariante beschrieben, die sich deutlich von den bereits beschriebenen einstufigen Oszillatorvarianten des kreuzgekoppelten Oszillators und des *Common-Base-Colpitts*-Oszillators unterscheidet. In Abbildung 4.33 ist das Blockschaltbild dieser Oszillatorvariante dargestellt, die im Folgenden als LC-Ringoszillator bezeichnet wird. Darin stellen

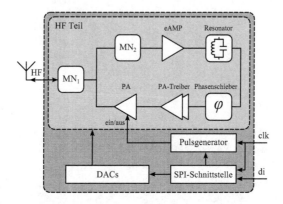

Abbildung 4.33: Blockschaltbild des LC-Ringoszillators.

die mit MN_1 und MN_2 bezeichneten Blöcke Anpassnetzwerke dar. Des Weiteren besteht der HF-Teil aus Eingangsverstärker (eAMP), Resonator, Phasenschieber, Treiberverstärker (PA-Treiber) und Leistungsverstärker (PA). Zudem sind auf dem entworfenen IC ein Puls-Generator, mehrere DAC's und eine SPI-Schnittstelle integriert. Die detaillierten *Schematics* der Teilschaltungen der Blöcke sind in der finalen Dimensionierung in den Abbildungen 4.34 dargestellt.

Dimensionierung

Die Dimensionierungskriterien der in der Abbildungen 4.34 dargestellten Teilschaltungen werden im Folgenden erläutert. Dafür wird zunächst der Fall des ausgeschalteten Oszillators betrachtet. In diesem Fall ist der PA über die Stromquelle $I_{0,PA}$ deaktiviert. Für das Injektionssignal wird eine verlustarme Übertragung vom

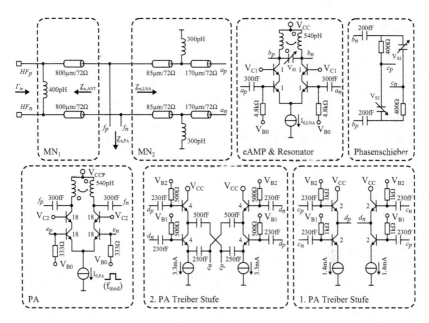

Abbildung 4.34: *Schematic*-Darstellung des HF-Teils des LC-Ringoszillators.

Eingang des Oszillators zum Resonator angestrebt. Daher muss die Eingangsimpedanz des eAMP bei ausgeschaltetem PA durch die Anpassnetzwerke MN_1 und MN_2 im Bereich der Zielfrequenz an die Quellimpedanz von $100\,\Omega$ angepasst werden. Dafür müssen an der Stelle, an der der Ausgang des PA zum Eingang des eAMP zurückgeführt wird (f_p, f_n), die Bedingungen $\underline{Z}^*_{a,ANT} = \underline{Z}_{e,eAMP} \parallel \underline{Z}_{a,PA}$ und $|\underline{Z}_{a,PA}| \gg |\underline{Z}_{e,eAMP}|$ bzw. $\underline{Z}^*_{a,ANT} \approx \underline{Z}_{e,eAMP}$ gelten.

Für den Fall der geschlossenen Schleife, das heißt des eingeschalteten Oszillators ist die Lastimpedanz des PA definiert durch $\underline{Z}_{a,ANT} \parallel \underline{Z}_{e,eAMP}$. Diese Lastimpedanz wird anhand des Spannungsaussteuerbereichs des PA-Ausgangs für eine Ausgangsleistung von 10 dBm mit $170\,\Omega$ festgelegt. Die Forderung einer Ausgangsleistung von 10 dBm ergibt sich dadurch, dass bei Einhaltung der Anpassbedingung $\underline{Z}^*_{a,ANT} \approx \underline{Z}_{e,eAMP}$ nur die Hälfte der PA-Ausgangsleistung an die Antenne abgegeben wird. Mit der anderen Hälfte wird der eAMP des Ringoszillators gespeist.

Unter diesen Randbedingungen wurde das Anpassnetzwerk MN_2 so entworfen, dass die Eingangsimpedanz des eAMP auf eine Impedanz von $\underline{Z}_{e,eAMP} = 450\,\Omega$ transformiert wird. Des Weiteren wird MN_2 dafür verwendet, geometrisch die Rückkopplung des PA-Ausgangs zum eAMP-Eingang zu realisieren und enthält daher zwei Mikrostreifenleitungen mit einer Gesamtlänge von 255 μm. Die Spule am Ausgang des PA wird nicht zur Impedanztransformation, sondern nur zur Kompensation des Imaginärteils von $\underline{Z}_{a,PA}$ und zur Zuführung der Betriebsspannung verwendet. Im ausgeschalteten Zustand besitzt der PA daher bei der Zielfrequenz eine Ausgangsimpedanz von $\underline{Z}_{a,PA} = 740\,\Omega$. Damit ergibt sich für die Dimensionierung des Anpassnetzwerkes MN$_1$ eine rein reelle Zielimpedanz von $\underline{Z}_{a,ANT} = \underline{Z}_{e,eAMP} \parallel \underline{Z}_{a,PA} = 280\,\Omega$. Außerdem muss für den Entwurf von MN$_1$ die *Pad*-Kapazität berücksichtigt werden. Im eingeschalteten Zustand des Oszillators beträgt die Lastimpedanz des PA damit $\underline{Z}_{e,eAMP} \parallel \underline{Z}_{a,ANT} = 170\,\Omega$.

Die Dimensionierung des PA wird im Wesentlichen durch die geforderte Ausgangsleistung und dem damit verbundenen Arbeitspunktstrom bestimmt. Daher wurden an der Stelle Transistoren gewählt, die dem 18-fachen des Einheitstransistors der Technologie entsprechen. Mit dieser Dimensionierung der Transistorgröße ist der Eingang des PA stark kapazitiv. Somit sind zwei zusätzliche Treiberstufen notwendig, um den PA ansteuern zu können ohne den Resonator mit dieser hohen Eingangskapazität zu belasten. Es konnte gezeigt werden, dass durch die Verwendung gestapelter *Common*-Kollektorstufen (1. und 2. Treiberstufe) im Vergleich zu einfachen Kollektorstufen die gleiche Treiberfähigkeit bei geringerem Strom erzielt wird. Der PA und die dazugehörigen Treiberstufen wurden so dimensioniert, dass sie für die geforderte Ausgangsleistung unterhalb des 1dB-Kompressionspunktes betrieben werden. Für die Transistoren des Eingangsverstärkers wurden die minimalen Transistoren der Technologie gewählt, um die Kapazität am Resonator zu minimieren.

Mit der so erhaltenen Dimensionierung der aktiven Stufen wurde die Phase der Schleifenverstärkung in einer *Loop-Stability-Analysis*-Simulation (STB) untersucht. Es zeigt sich, dass für eine Oszillationsfrequenz von 34.5 GHz eine zusätzliche Phasendrehung von 245° notwendig ist. Daher wurde eine 180°-Phasendrehung durch Vertauschen der differentiellen Leitungen realisiert und ein zusätzliches Phasenschiebernetzwerk zwischen Resonator und der ersten PA-Treiberstufe eingeführt.

Layout-Entwurf

Der LC-Ringoszillator wurde in der SG25H1-Technologie der Firma IHP-MICRO-ELECTRONICS [37] entworfen. In Abbildung 4.35 ist die *Layout*-Realisierung dargestellt.

Darin entsprechen die mit VCO und mit MN$_1$ gekennzeichneten Bereiche dem bisher beschriebenen Entwurf. Weiterhin enthält der entworfene IC 18 Digital-Analog-

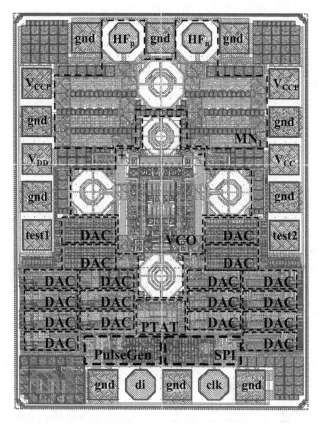

Abbildung 4.35: *Layout*-Darstellung des LC-Ringoszillators (Chipfläche des integrierten Schaltkreises: 800 μm x 1050 μm = 0.84 mm²).

Wandler (DAC) zur internen Erzeugung der verschiedenen Arbeitspunktspannungen und Ströme. Zudem wurden eine Referenzstromquelle (PTAT), eine Seriell-Parallel-Schnittstelle (SPI) und Schaltungen zur Steuerung und Pulserzeugung (PulseGen) integriert.

Die Blöcke DAC, PTAT, SPI und PulseGen werden in dem IC über die beiden DC-*Pads*, die mit „V_{DD}" bezeichnet sind, versorgt. Die Versorgungsspannungspads „V_{CCP}" versorgen ausschließlich den PA und das Versorgungsspannungspad „V_{CC}" den eAMP und die beiden PA-Treiberstufen. Die *Pads* „di" und „clk" sind digitale Eingänge, die zur Konfiguration der DACs und weiterer Testfunktionen über das SPI dienen. Des Weiteren wird das „clk"-Signal gleichzeitig als Schaltsignal für den Oszillator verwendet. Die beiden HF-*Pads* „HF$_p$" und „HF$_n$" bilden den differentiellen Signaleingang bzw. Signalausgang des Oszillators. Die mit „Test1" und „Test2" bezeichneten *Pads* werden in *Testmodes* zur Messung der intern generierten Kontrollspannungen verwendet.

Post-Layout-Simulation

Für den LC-Ringoszillator werden ausschließlich Ergebnisse der *Post-Layout*-Simulation gezeigt, da die lokalen Verdrahtungskapazitäten einen starken Einfluss auf die Dimensionierung der Anpassnetzwerke und auch der verwendeten Last- bzw. Resonatorspule haben.

Die Abhängigkeit der Ausgangsleistung und der Oszillationsfrequenz von den Arbeitspunktströmen des eAMP und des PA sind in Abbildung 4.36 dargestellt. Ab einem Arbeitspunktstrom des PA von $I_{0,\mathrm{PA}} > 30$ mA hängt die Ausgangsleis-

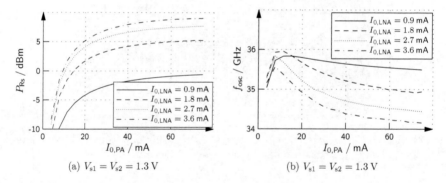

(a) $V_{s1} = V_{s2} = 1.3$ V (b) $V_{s1} = V_{s2} = 1.3$ V

Abbildung 4.36: Ausgangsleistung P_{R_s} und Oszillationsfrequenz f_{osc} des LC-Ringoszillators.

tung nur noch schwach von diesem ab. Dies ist dadurch begründet, dass der PA oberhalb dieser Grenze unterhalb seines 1dB-Kompressionspunktes betrieben wird und die Ausgangsleistung des LC-Ringoszillators damit nur noch von der maximalen Ausgangsleistung des eAMP abhängt. Des Weiteren ist zu erkennen, dass auch die Oszillationsfrequenz oberhalb dieser Grenze nahezu unabhängig von $I_{0,\text{PA}}$ ist. Die Ursache dafür ist das Verhalten der verwendeten Differenzverstärker für hohe Eingangsleistungen. Die Kompression des Differenzverstärkers führt zu einer zusätzlichen Phasendrehung. Da der eAMP im stationären Zustand immer in der Kompression betrieben wird, ist eine starke Abhängigkeit der Oszillationsfrequenz gegeben. Für den PA wird ein linearer Betrieb angestrebt, um den Einfluss der aussteuerungsabhängigen Phasendrehung zu reduzieren. Daher wurden für die geforderte Ausgangsleistung $P_{R_s} = 7\,\text{dBm}$ die Arbeitspunktströme $I_{0,\text{PA}} = 30\,\text{mA}$ und $I_{0,\text{LNA}} = 3.6\,\text{mA}$ gewählt.

In Abbildung 4.37 ist der Eingangsreflexionsfaktor des ausgeschalteten LC-Ringoszillators dargestellt. Für einen großen Stellbereich der Arbeitspunktströme des

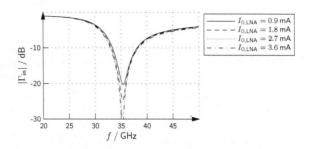

Abbildung 4.37: Eingangsreflexionsfaktor des ausgeschalteten LC-Ringoszillators.

eAMP wird eine gute Anpassung bei der Zielfrequenz erreicht. Damit kann der Arbeitspunktstrom des eAMP für eine Optimierung der Systemparameter in der Messung verwendet werden, ohne die Anpassung zu beeinflussen.

Der Stellbereich der Oszillationsfrequenz und die Abhängigkeit der Ausgangsleistung vom Stellbereich ist in Abbildung 4.38 für den Fall der Variation der Resonatorvaraktorspannung V_{s1} dargestellt. Für den gewählten Arbeitspunktstrom des PA ergibt sich ein Stellbereich der Oszillationsfrequenz von 1.5 GHz. Die Abhängigkeit der Ausgangsleistung über den Frequenzstellbereich beträgt 0.5 dB. Um den Stellbereich zu erweitern, wurde die Kapazität im Phasenschieber ebenfalls als Varaktor ausgelegt. Bei gleichzeitiger Variation der beiden Varaktorsteuerspannungen $V_{s1} = V_{s2}$ erhöht sich der Stellbereich auf 3.5 GHz. Allerdings vergrößert sich auch die Abhängigkeit der Ausgangsleistung über den Stellbereich auf 2.5 dB.

93

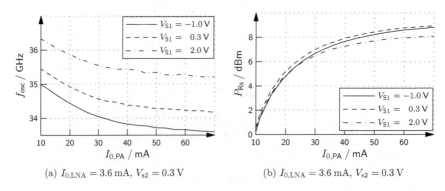

(a) $I_{0,\text{LNA}} = 3.6\,\text{mA}$, $V_{s2} = 0.3\,\text{V}$ (b) $I_{0,\text{LNA}} = 3.6\,\text{mA}$, $V_{s2} = 0.3\,\text{V}$

Abbildung 4.38: Oszillationsfrequenz f_{osc} und Ausgangsleistung P_{R_s} des LC-Ringoszillators.

Um das injektionsleistungsabhängige Anschwingverhalten über die im Abschnitt 3.3 gezeigte Theorie beschreiben zu können, wurde die Schleifenverstärkung in einer STB-Analyse simuliert. Die Spannungsverstärkung der offenen Schleife n_{LG} entspricht dabei exakt dem im Abschnitt 3.2 eingeführten Kleinsignalentdämpfungsfaktor n. Außerdem wurde die Güte des Resonators in einer Kleinsignalanalyse ermittelt. In Abbildung 4.39 sind die Simulationsergebnisse dargestellt. Der Entdämpfungsfaktor n_{LG} und die Resonatorgüte $Q_{\text{RLC,T}}$ hängen nur schwach von der Steuerspannung der Varaktoren ab. Für die Berechnung der eingangsbezogenen Rauschleistung wird die Resonatorgüte daher näherungsweise als konstant $Q_{\text{RLC}} = 3.6$ angenommen.

Betrachtung des Rauschens während der Phasenabtastung

Wie beim kreuzgekoppelten Oszillator beschrieben, wird aus der Resonatorgüte die eingangsbezogene Rauschleistung des SILO abgeleitet. Nach dem im Abschnitt 3.3 verwendeten Modell ergibt sich die effektive Rauschleistung aus der Resonatorgüte zu $P_{\text{N}} = -68.0\,\text{dBm}$. Da sich im ausgeschalteten LC-Ringoszillator eine aktive Verstärkerstufe zwischen den HF-*Pads* und dem Resonator befindet, wurde dieser Signalpfad in Bezug auf Rauschen untersucht. Mit der gewählten Dimensionierung der Anpassnetzwerke und des eAMP ergibt sich eine Rauschzahl von $NF = 10.2\,\text{dB}$. Im Rahmen dieser Arbeit wurde keine weitere Optimierung der Schaltung zur Reduktion der Rauschzahl durchgeführt. Diese Rauschzahl NF muss bei der Berechnung der eingangsbezogenen Rauschleistung $P_{\text{i,N}}$ zusätzlich berücksichtigt werden, da das

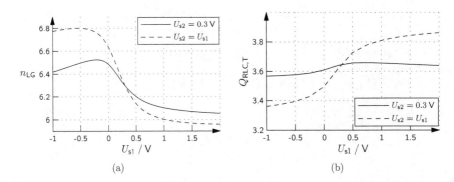

(a)   (b)

Abbildung 4.39: Entdämpfungsfaktor n_{LG} und Resonatorgüte $Q_{RLC,T}$ des LC-Ringoszillators.

Rauschen des Eingangsverstärkers die Rauschleistung des Quellwiderstandes erhöht. Durch die Beschreibung über die Rauschzahl muss der Verlustwiderstand des Resonators nicht mehr zur Quelle zurückgerechnet werden, da diese Umrechnung bereits in der Rauschzahl enthalten ist.

Damit ergibt sich die eingangsbezogene Rauschleistung des LC-Ringoszillators $P_{i,N} = P_N \cdot NF = -57.8$ dBm. Das heißt nach dem Modell aus Abschnitt 3.3 kann der LC-Ringoszillator für Injektionsleistungen von $P_i > -57.8$ dBm als idealer regenerativer Verstärker aufgefasst werden. Für kleinere Injektionsleistungen nimmt nach dem Modell der phasenkohärente Anteil der Oszillatorantwort dB-linear mit der Injektionsleistung ab.

4.2.4 Vergleich der entworfenen Varianten

In Tabelle 4.6 sind die relevanten Ergebnisse der *Post-Layout*-Simulation für die drei entworfenen Oszillatorvarianten zusammengefasst. Darin sind die Ergebnisse des kreuzgekoppelten Oszillators mit CC300, des *Common-Base-Colpitts*-Oszillators mit CB600 und des LC-Ringoszillators mit RingOsc gekennzeichnet. Die beiden einstufigen Oszillatoren (CC300 und CB600) verhalten sich für die gewählte Dimensionierung in den *Post-Layout*-Simulationen fast identisch. Im Gegensatz dazu ist für den LC-Ringoszillator mehr als das doppelte der DC-Leistung notwendig, um die gleiche Ausgangsleistung im Freilauffall zu erreichen. Zudem ist die eingangsbezogene Rauschleistung $P_{i,N}$, bis zu der die phasenkohärente Ausgangsleistung injektionsleistungsunabhängig ist, um 8 dB bis 9 dB höher. Einschränkend dazu muss

Tabelle 4.6: Zusammenfassung der Ergebnisse der *Post-Layout*-Simulation

Bezeichnung	CC300	CB600	RingOsc
Oszillationsfrequenz (f_osc)	34.5 GHz	34.5 GHz	34.5 GHz
Frequenzstellbereich (Δf_osc)	2.7 GHz	2.5 GHz	3.5 GHz
Freilauf-Ausgangsleistung (P_{R_s})	7 dBm	6 dBm	7 dBm
DC-Stromaufnahme (I_CC)	18 mA	18 mA	43 mA
Verlustleistung (P_DC)	54 mW	54 mW	129 mW
Entdämpfungsfaktor (n)	2.8	2.0	6.3
Güte ($Q_\text{RLC,T}$)	3.4	4.4	3.6
Eingangsbezogene Rauschleistung ($P_\text{i,N}$)	-67 dBm	-66 dBm	-58 dBm

jedoch gesagt werden, dass das Rauschverhalten des Ringoszillators durch eine Optimierung der Eingangsnetzwerke sowie des Eingangsverstärkers eAMP in Bezug auf Rauschen noch stark verbessert werden kann. Außerdem ist eine Erhöhung der Resonatorgüte beim LC-Ringoszillator in größerem Maße als bei den beiden einstufigen Oszillatoren möglich, da der Quellwiderstand durch den Eingangsverstärker getrennt ist. Demnach wird an dieser Stelle postuliert, dass mit dem LC-Ringoszillator durch geeignete Verbesserungsmaßnahmen ein ähnliches Rauschverhalten in Bezug auf die Phasenabtastung möglich ist.

Da aber sowohl die Komplexität als auch der Flächenbedarf und die Leistungsaufnahme der einstufigen Oszillatoren niedriger ist als beim LC-Ringoszillator, kann bereits an dieser Stelle geschlussfolgert werden, dass sich der kreuzgekoppelte und der *Common-Base-Colpitts*-Oszillators besser als der LC-Ringoszillator zur Realisierung eines integrierten regenerativen Verstärkers eignen.

4.3 Prototypenentwurf

Für die Prototypen wurde zugunsten der Testbarkeit ein modularer Aufbau unter Verwendung von mehreren Leiterplatten (PCB) gewählt. Für den HF-Teil des integrierten regenerativen Verstärkers wurde eine universelle, für alle drei entworfenen Oszillatorvarianten einsetzbare Leiterplatte entworfen. Die Konfiguration der ICs sowie die Kommunikation mit einem PC wurde über ein separates Mikrocontroller-PCB realisiert. Dadurch unterscheidet sich diese Platine ausschließlich durch die für die drei Oszillatorvarianten verschiedene Firmware des Mikrocontrollers. Die Spannungsversorgung und die Modulationstakterzeugung wurde ebenfalls auf separaten Platinen realisiert, um eine bestmögliche Testbarkeit zu gewährleisten.

4.3.1 HF-Leiterplatte

Die HF-Leiterplatte enthält wie in Abbildung 4.40 dargestellt die bereits beschriebenen jeweiligen ICs, eine IC-PCB-Schnittstelle und einen Mikrostreifen-*Balun*. Die

Abbildung 4.40: HF-Leiterplatte einschließlich der mechanischen Trägerkonstruktion für die Montage des V-Konnektors.

Verbindung zur Antenne wurde über einen V-Konnektor realisiert. Zudem sind verschiedene diskrete Stützkapazitäten und eine Stiftleiste zur Zuführung der Versorgungsspannungen und der Steuersignale zu erkennen. Im Folgenden werden die IC-PCB-Schnittstelle (Bond-*Interface*) und der Mikrostreifen-*Balun* näher beschrieben.

IC-PCB-Schnittstelle

Die Schnittstelle vom IC zur Leiterplatte ist in dem verwendeten Frequenzbereich kritisch, da die Induktivität der Bonddrahtanordnung bei der Zielfrequenz von 34.5 GHz eine signifikante Veränderung der Quellimpedanz zur Folge hat. Daher wurde zum einen der IC in einer Vertiefung (*cavity*) platziert, so dass die Oberkante des IC's auf einer Ebene mit der Leiterbahnebene des PCB's liegt, wodurch die minimal mögliche Bonddrahtlänge in etwa halbiert wird. Zum anderen wurde ein Doppel-Bond-*Interface* entworfen, durch das der verbleibende Einfluss der Bonddrähte im Bereich der Zielfrequenz kompensiert wird.

Als Leiterplattenmaterial wurde ein Rogers-Substrat (RO3003C) gewählt, da dessen elektrische Parameter ($\epsilon_r = 3.0$, $\tan \delta = 0.0013$) als auch dessen mechanische

Eigenschaften alle Anforderungen erfüllen.

Für eine einfache Herstellung der Prototypen wurde ein 2-Lagen PCB mit einer Dicke von $250\,\mu$m gewählt, da sich mit der Dicke der beiden Metalllagen von je $35\,\mu$m eine Gesamtdicke des PCB's von $320\,\mu$m ergibt, die in etwa der Höhe der IC's von $370\,\mu$m entspricht. In das PCB wurde an der Stelle, an der der IC platziert wird, mit einem Skalpell eine Aussparung geschnitten und das PCB auf einen Messingträger geklebt. Der IC wurde anschließend innerhalb dieser Aussparung ebenfalls auf den Messingträger geklebt. In Abbildung 4.41 ist dieser Aufbau schematisch dargestellt. Durch diesen Aufbau wird der Abstand der HF-*Pads* des IC's zu den PCB-Leiter-

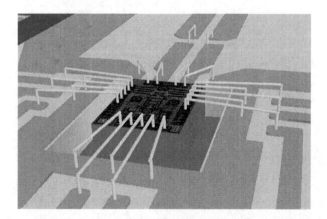

Abbildung 4.41: Plazierung des IC's auf dem PCB.

bahnen stark reduziert. Auf diese Weise erreicht man Abstände zwischen der Mitte der HF-*Pads* und der Landezonen des Bonddrahtes auf den PCB-Leiterbahnen von weniger als $300\,\mu$m.

Da die entworfenen Oszillatoren sehr empfindlich auf zusätzliche induktive Anteile der Quellimpedanz reagieren, sind zusätzliche Maßnahmen erforderlich, um den Einfluss der Bondverbindungen zu reduzieren.

Die IC-PCB-Schnittstelle wurde daher als Doppel-Bond-*Interface* realisiert. Eine schematische Darstellung der Schnittstelle ist in Abbildung 4.42 dargestellt. Das *Interface* besteht darin aus zwei Bonddrähten von den differentiellen HF-*Pads* zum PCB einschließlich der zusätzlichen beiden äußeren Bonddrähte für die Masseverbindungen, einer differentiellen Mikrostreifenleitung auf dem PCB und zwei weiteren Bonddrähten auf die differentielle 100 Ω Mikrostreifenleitung. Nicht dargestellt ist darin die Massefläche auf der PCB-Unterseite, da diese in der EM-Simulation durch eine dielektrische Schicht mit der spezifischen Leitfähigkeit von Kupfer zur Reduktion der Simulationszeit modelliert wurde.

Stark vereinfacht kann man sich diese Struktur als differentielles Bandpassfilter bestehend aus einer Serien-Spule (erstes Bonddrahtpaar), einer Parallelkapazität zur Masse (Mikrostreifenleitung) und einer weiteren Serien-Spule (zweites Bonddrahtpaar) vorstellen. Die Geometrie des Doppelbond-*Interfaces* wurde für eine

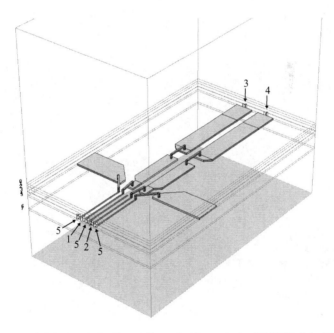

Abbildung 4.42: Schematische Darstellung des *Layouts* der IC-PCB-Schnittstelle für die EM-Simulation.

laterale Bonddrahtlänge von 350 μm optimiert. Mit den Dimensionen der ersten differentiellen Mikrostreifenleitung der Länge = 1.3 mm, der Breite = 250 μm, dem Abstand = 150 μm und dem Abstand dieser zur 100 Ω Mikrostreifenleitung von

250 μm wird eine geringe Dämpfung und eine gute Anpassung erreicht. Dabei wurde die Höhe des Bonddrahtes über dem IC mit 50 μm angenommen.

In Abbildung 4.43 sind die differentiellen S-Parameter dargestellt. Man erkennt, dass eine sehr breitbandige Anpassung ($S_{dxdx} < -10$ dB) im Bereich von 25 GHz bis 40 GHz vorliegt. Bei der Zielfrequenz von 34.5 GHz beträgt der differentielle Vorwärtstransmissionsfaktor $S_{d2d1} = -0.3$ dB.

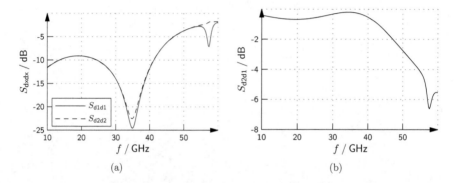

(a)   (b)

Abbildung 4.43: S-Parameter der IC-PCB-Schnittstelle basierend auf SonnetEM-Simulationen.

Alle im Rahmen dieser Arbeit hergestellten Prototypen wurden mit dieser IC-PCB-Schnittstelle gefertigt. Die Bondverbindungen wurden im Ultraschall-*Wedge-Wedge*-Bondverfahren mit 17.5 μm Aluminiumbonddraht eigenständig realisiert, da durch dieses Verfahren flache Bondschleifen (*loop*) ermöglicht wurden.

PCB-*Balun*

Da für den Prototypenaufbau eine *Single-Ended*-Antenne verwendet wurde, muss das differentielle HF-Signal vom Oszillator in ein *Single-Ended*-Signal umgewandelt werden. Dafür wird ein Symmetrierglied (*Balun*) auf dem PCB verwendet. Da in dem Frequenzbereich keine kommerziellen Komponenten verfügbar sind, wurde ein *Balun* in Mikrostreifentechnik entworfen. Dabei wurde der *Balun* aus zwei Mikrostreifenleitungen mit einer Längendifferenz der halben Wellenlänge λ für eine Phasendrehung von 180° realisiert. Zusätzlich wurde die Länge der kürzeren Leitung als Vielfaches von $(2n_\lambda - 1)\frac{\lambda}{4}$ mit $n_\lambda = \{1, 2\}$ gewählt. Mit einem Wellenwiderstand der beiden Mikrostreifenleitungen von $Z_W = 70.7\,\Omega$ wird dadurch gleichzeitig eine Impedanztransformation von $100\,\Omega$ am differentiellen Eingang auf $50\,\Omega$ am *Single-Ended*-Eingang des *Baluns* realisiert.

Die verwendete Simulationsstruktur für die beiden Varianten von $n_\lambda = \{1, 2\}$ ist in Abbildung 4.44 dargestellt. Wie beim Bond-*Interface* ist auch hier die Unterseitenmetallisierung des PCB nicht dargestellt. Die geometrische Struktur der

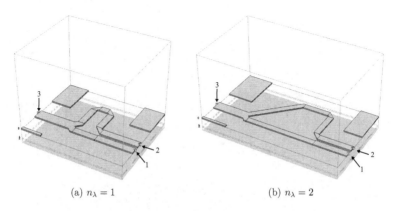

(a) $n_\lambda = 1$ \hspace{3cm} (b) $n_\lambda = 2$

Abbildung 4.44: *Layout* des PCB-*Balun*.

Mikrostreifenleitungen wurde in EM-Simulationen (SonnetEM) optimiert.

In Abbildung 4.45 und 4.46 sind die differentiellen S-Parameter der beiden *Balun*-Varianten dargestellt. Die simulierten S-Parameter wurden anhand der in [59] angegebenen Definition in *Mixed-Mode*-S-Parameter umgerechnet. Für beide Varianten wird sowohl ein- als auch ausgangsseitig eine sehr gute, breitbandige Anpassung erreicht. Der Transmissionsfaktor S_{d13} ist für beide Varianten größer als $-0.4\,\text{dB}$. Der Transmissionsfaktor vom *Single-Ended*-Anschluss zum Gleichtakt des differentiellen Anschlusses ist mit $S_{c13} < -14\,\text{dB}$ für beide Varianten hinreichend niedrig. Die in den Simulationsergebnissen sichtbaren Unstetigkeitsstellen im Frequenzverlauf der S-Parameter werden im Simulationssetup durch die Größe der verwendeten Simulationsbox und dadurch auftretenden *Box*-Resonanzen verursacht und sind in der praktischen Realisierung nicht zu erwarten.

Der *Balun* mit $n_\lambda = 1$ ist im Vergleich zur Variante mit $n_\lambda = 2$ kleiner und breit-

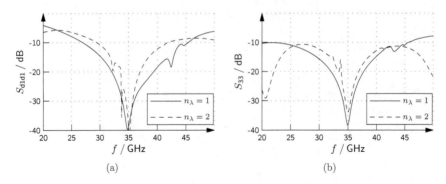

Abbildung 4.45: Eingangs- S_{d1d1} und Ausgangsreflexionsfaktor S_{33} des PCB-*Balun* basierend auf SonnetEM-Simulationen.

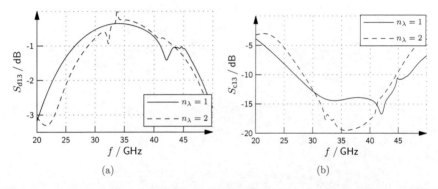

Abbildung 4.46: Differentieller Transmissionsfaktor (S_{d13}) und Gleichtakt-Transmissionsfaktor (S_{c13}) des PCB-*Balun* basierend auf SonnetEM-Simulationen.

bandiger, hat aber einen um 0.15dB niedrigeren Transmissionsfaktor S_{d13}. Außerdem ist bei dieser Struktur die Sensitivität gegenüber Variationen im Herstellungsprozess größer.

In [59] ist der Entwurf der beiden *Balun*-Varianten detailliert dargestellt und die Funktionalität durch Messungen von realisierten Teststrukturen verifiziert worden. Die im Rahmen dieser Arbeit hergestellten Prototypen wurden mit der *Balun*-Variante mit $n_\lambda = 1$ gefertigt.

4.3.2 Steuerplatinen

Die Steuerung des entworfenen IC's wurde auf zwei 2-Lagen-FR4-Leiterplatten implementiert, um einen flexiblen Testablauf zu ermöglichen. Die Mikrocontrollersteuerung einschließlich der Nutzerschnittstelle wurde von der Modulationstakterzeugung getrennt, um unterschiedliche Modulationsfrequenzen testen zu können, ohne das Mikrocontroller-PCB verändern zu müssen.

Die Mikrocontrollerplatine enthält als Mikrocontroller den Schaltkreis ATmega324A der Firma ATMEL [40]. Dieser wird ausschließlich zur Konfiguration des SILO-IC sowie zur Kommunikation über einen USB-UART-Schaltkreis mit dem PC genutzt. Des Weiteren sind auf der Mikrocontrollerplatine verschiedene Taster und LEDs enthalten. Ein analoger Multiplexer zum Umschalten zwischen SPI und Modulationstakt ist außerdem integriert. Der verwendete Mikrocontroller wird im regulären Messbetrieb in den Ruhezustand versetzt und hat in diesem Fall eine im Vergleich zu den SILO-ICs vernachlässigbare Leistungsaufnahme von weniger als 100 μW. In Abbildung 4.47 ist die Mikrocontrollerplatine dargestellt.

 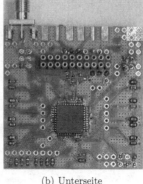

(a) Oberseite   (b) Unterseite

Abbildung 4.47: Mikrocontrollerplatine mit den Dimensionen 5 cm x 5 cm.

Auf der Taktgeneratorplatine wird der Modulationstakt durch einen MEMS-basierten Taktgeneratorschaltkreis der ASDMB-Serie der Firma ABRACON [41] erzeugt. Es sind auf diesem PCB je zwei verschiedene Festfrequenz-Taktgeneratorschaltkreise umschaltbar integriert. Je nach verwendeter Taktfrequenz beträgt die

Leistungsaufnahme der Taktgeneratorschaltkreise zwischen 15 mW und 21 mW und hat damit einen signifikanten Beitrag zur Gesamtleistungsaufnahme der realisierten Prototypen. Zudem ist auf diesem PCB eine 3 V Batterie zur Spannungsversorgung aller Platinen untergebracht. In Abbildung 4.48 ist die Taktgeneratorplatine dargestellt.

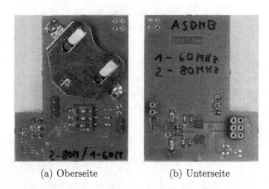

(a) Oberseite   (b) Unterseite

Abbildung 4.48: Taktgeneratorplatine mit den Dimensionen 5 cm x 4 cm.

4.3.3 Finale SILO-Prototypen

Für den Aufbau der finalen SILO-Prototypen werden die HF-Leiterplatte und die beiden Steuerplatinen über einfache Stift- und Buchsenleisten verbunden. Ein SILO-Prototyp ist in Abbildung 4.49(a) dargestellt. Man erkennt darin, die, auf eine Messinghalterung montierte, HF-Leiterplatte sowie die beiden aufgesteckten Steuerplatinen. Des Weiteren ist in Abbildung 4.49(b) die in den Abstandsmessungen verwendete Hornantenne dargestellt. Diese kommerzielle Hornantenne der Firma ADVANCED TECHNICAL MATERIALS, INC. [42] hat einen Antennengewinn von 10 dB und einen Öffnungswinkel von 30°.

(a)   (b)

Abbildung 4.49: Realisierter Prototyp des aktiven Reflektors mit den Dimensionen 5 cm x 5 cm x 6 cm (a) und der verwendeten Hornantenne (b).

5 Messergebnisse

5.1 Charakterisierung der SILO-Prototypen

5.1.1 Messaufbau zur Charakterisierung des Phasenabtastverhaltens der SILO-Prototypen

Zur Charakterisierung des Phasenabtastverhaltens der SILO-Prototypen wurde der in Abbildung 5.1 und 5.2 dargestellte Messaufbau verwendet. Das Injektionssignal

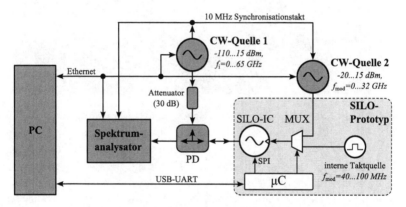

Abbildung 5.1: Schematische Darstellung des Messaufbaus zur Charakterisierung der Phasenabtastung der SILO-Prototypen.

wird durch einen Sinussignalgenerator (CW-Quelle 1) erzeugt. Um die Leistungsregelung der Quelle nicht zu stören, wird ein zusätzliches Dämpfungsglied von 30 dB zwischen dem Leistungsteiler (PD) und der Quelle eingefügt. Mit dem Spektrumanalysator wird das Leistungsspektrum der geschalteten Oszillatoren für verschiedene Injektionsleistungen P_i gemessen. Dabei wird die Modulationsfrequenz f_{mod} über einen zweiten Sinussignalgenerator (CW-Quelle 2) eingestellt. Die Signalgeneratoren sowie der Spektrumanalysator sind im Messaufbau über einen 10 MHz Synchronisationstakt verbunden.

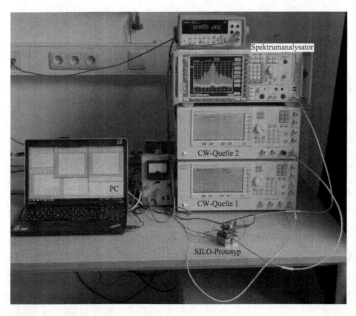

Abbildung 5.2: Messaufbau zur Charakterisierung der Phasenabtastung der SILO-Prototypen.

In Abbildung 5.3 ist als Beispiel das Leistungsspektrum des kreuzgekoppelten Oszillators für zwei verschiedene Injektionsleistungen dargestellt. Darin ist die im Abschnitt 3.3 hergeleitete Dirac-Kammfunktion und deren sinc-förmige Einhüllende zu sehen. Für abnehmende Injektionsleistungen erhöht sich der Anteil der nicht phasenkohärenten Signalanteile, was in der Darstellung durch den Anstieg des Rauschsinc und die Reduktion des Spitzenwertes der Einhüllenden deutlich wird.

Am PC wird anschließend aus den gemessenen Leistungsspektren das Maximum der Einhüllenden der Dirac-Kammfunktion $P_{\mathrm{a,env,max}}$ bestimmt. Dieses ist wie im Abschnitt 3.3 gezeigt eine charakteristische Größe für die phasenkohärente Signalleistung. Dazu wird zunächst aus dem Abszissenwert des Maximums der Hauptkeule der Einhüllenden die Oszillationsfrequenz f_{osc} ermittelt. Weiterhin wird die effektive Pulsdauer $T_{\mathrm{on}} \approx 2/B_{\mathrm{HK}}$ aus der Hauptkeulenbandbreite B_{HK} der Einhüllenden geschätzt. Anschließend wird im Bereich um das Maximum bei 21 Frequenzen $f = k f_{\mathrm{mod}} + f_{\mathrm{i}}$ mit $k \in \{-10 \ldots 10\}$ und $f_{\mathrm{i}} \approx f_{\mathrm{osc}}$ die Leistung der Einzelpeaks mit einer Messbandbreite von 100 Hz gemessen und aus diesen Einzelmessungen

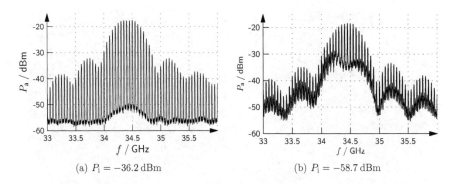

(a) $P_i = -36.2\,\mathrm{dBm}$ (b) $P_i = -58.7\,\mathrm{dBm}$

Abbildung 5.3: Leistungsspektrum des kreuzgekoppelten Oszillators für $T_{on} = 2\,\mathrm{ns}$, $f_{mod} = 50\,\mathrm{MHz}$ und $I_0 = 12\,\mathrm{mA}$.

der Spitzenwert der Einhüllenden $P_{a,env,max}$ bestimmt. Aus der Abhängigkeit von $P_{a,env,max}$ von der Injektionsleistung wurde die eingangsbezogene Rauschleistung $P_{i,N}$ der SILO-Prototypen bestimmt.

In einer Leistungskalibrierung wurde die Dämpfung zwischen der Injektionsquelle, dem SILO-Prototypen und dem Spektrumanalysator bestimmt und in Tabelle 5.1 dargestellt. Mit diesen Faktoren der Leistungskalibrierung werden die gemessenen

Tabelle 5.1: Ergebnis der Leistungskalibrierung

Quelle	Senke	Dämpfung
CW-Quelle 1	SILO-Prototyp	41.3 dB
CW-Quelle 1	Spektrumanalysator	45.1 dB
SILO-Prototyp	Spektrumanalysator	12.4 dB

Leistungsspektren und die Injektionsleistungen entsprechend korrigiert.

5.1.2 Kreuzgekoppelter Oszillator

Im folgenden Abschnitt werden die Ergebnisse der Charakterisierung des Gesamt-prototypen des kreuzgekoppelten Oszillators gezeigt. Ein Ausschnitt der verwende-ten HF-Leiterplatte des kreuzgekoppelten Oszillators ist in Abbildung 5.4 darge-stellt. Darin ist der in einer Vertiefung platzierte IC einschließlich der Bondverbin-

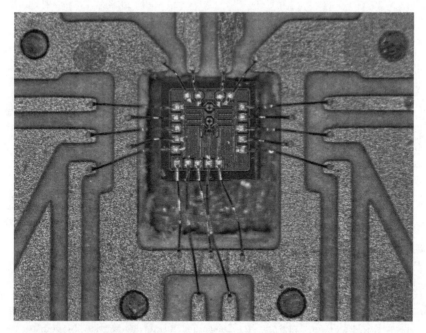

Abbildung 5.4: Ausschnitt der HF-Leiterplatte des kreuzgekoppelten Oszillators.

dungen zu sehen. Alle Messungen bis auf die des Eingangsreflexionsfaktors wurden mit dem Messaufbau nach Abbildung 5.2 durchgeführt.

Der Betrag des Eingangsreflexionsfaktors des kreuzgekoppelten Oszillators ist in Abbildung 5.5(a) dargestellt. Der Verlauf des Reflexionsfaktors wird im Bereich der Zielfrequenz sehr gut durch die *Post-Layout*-Simulation vorhergesagt. Bei 37.5 GHz ist der Oszillatoreingang an die Quellimpedanz angepasst. Der wellenförmige Verlauf von $|\Gamma_{in}|$ wird durch die in der *Post-Layout*-Simulation nicht enthaltenen PCB-Komponenten wie der Mikrostreifenleitung (1.7 cm) zwischen Balun und V-Konnektor, dem Balun und dem Bond-*Interface* verursacht.

Die in Abbildung 5.5(b) dargestellte Ausgangsleistung des kreuzgekoppelten Oszillators stimmt für niedrige Arbeitspunktströme I_0 sehr gut mit den Simulationsergebnissen überein. Für große I_0 weicht die Ausgangsleistung um bis zu 1.8 dB von den simulierten Werten ab. Für die nachfolgenden Messungen wurde ein Arbeitspunktstrom von $I_0 = 12.1$ mA gewählt. Damit ergibt sich eine kontinuierliche Ausgangsleistung von 7.5 dBm.

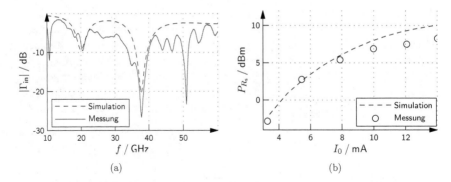

(a) (b)

Abbildung 5.5: Vergleich des Eingangsreflexionsfaktors $|\Gamma_{in}|$ des ausgeschalteten kreuzgekoppelten Oszillators (a) und der Ausgangsleistung P_{R_s} des eingeschalteten kreuzgekoppelten Oszillators (b) zwischen *Post-Layout*-Simulation und Messung.

Die Abhängigkeit der Oszillationsfrequenz f_{osc} vom Arbeitspunktstrom ist in Abbildung 5.6 dargestellt. Der qualitative Verlauf stimmt gut mit den simulierten Werten überein. Allerdings ist der Absolutwert der gemessenen Oszillationsfrequenz um etwa 1 GHz höher. Der Unterschied liegt innerhalb des erwarteten Bereichs, der durch Prozessvariationen und Ungenauigkeiten der Extraktion von parasitären Elementen aus dem *Layout* verursacht wird. Die Oszillationsfrequenz ist für den gewählten Arbeitspunkt im Bereich von 34.2 GHz bis 36.9 GHz einstellbar.

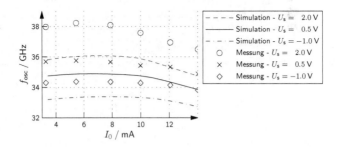

Abbildung 5.6: Vergleich der Oszillationsfrequenz f_{osc} des kreuzgekoppelten Oszillators zwischen *Post-Layout*-Simulation und Messung.

Das Rauschverhalten des kreuzgekoppelten Oszillators wurde nach der im Abschnitt 5.1.1 beschriebenen Methode gemessen. In Abbildung 5.7 ist der gemessene Spitzenwert der Einhüllenden der phasenkohärenten Signalanteile des Leistungsspektrums $P_{a,env,max}$ mit Kreissymbolen dargestellt. Mit den gepunktet dargestellten Geraden werden die linearen Bereiche mit dem Anstieg eins bzw. null extrapoliert und aus dem Schnittpunkt der Geraden wird die eingangs- und ausgangsbezogene Rauschleistung $(P_{i,N}, P_{o,N})$ ermittelt. Die mit „Modell" bezeichneten Kurven in der

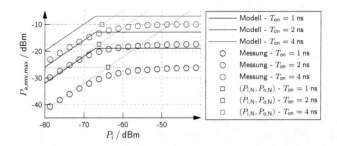

Abbildung 5.7: Spitzenwert der Einhüllenden des Leistungsspektrums $P_{a,env,max}$ des kreuzgekoppelten Oszillators in Abhängigkeit der Injektionsleistung P_i für verschiedene Einschaltzeiten T_{on} ($f_{mod} = 50$ MHz, $I_0 = 12.1$ mA).

Darstellung wurden aus dem im Abschnitt 3.3 abgeleiteten Modell unter Berücksichtigung der gemessenen kontinuierlichen Ausgangsleistung, der eingangsbezogenen Rauschleistung $P_{i,N} = -67$ dBm (ermittelt aus der simulierten Resonanzkreisgüte), der Modulationsfrequenz und der Einschaltzeit T_{on} (geschätzt aus der Hauptkeulenbandbreite) berechnet. Die Abweichung des maximalen Spitzenwertes der Einhüllenden wird im Wesentlichen durch die Anschwingzeit verursacht. Im Modell wurde ein ideales Rechteckfenster zur Beschreibung der Einhüllenden des Zeitsignals vorausgesetzt. Durch die endliche Anschwingzeit wird die Hauptkeule im Spektrum breiter und damit reduziert sich die für die Signalleistung relevante, effektive Einschaltzeit. Dieser Effekt wird für kurze Pulse größer, da das Verhältnis der Anschwingzeit zur Pulsdauer zunimmt.

Die eingangsbezogene Rauschleistung $P_{i,N}$ wurde für verschiedene Arbeitspunktströme und Pulsweiten gemessen und in Abbildung 5.8 dargestellt. Die Abweichung

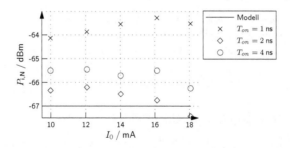

Abbildung 5.8: Eingangsbezogene Rauschleistung $P_{i,N}$ des kreuzgekoppelten Oszillators in Abhängigkeit des Arbeitspunktstromes I_0 für verschiedene Einschaltzeiten T_{on} ($f_{mod} = 50\,\mathrm{MHz}$).

zu dem im Modell vorhergesagten Wert ist näherungsweise unabhängig vom Arbeitspunktstrom. Allerdings existiert eine Abhängigkeit von der Pulsweite. Für kurze Pulse ($T_{on} = 1\,\mathrm{ns}$) ist die Abweichung mit 3 dB am größten. Für Pulsweiten von $T_{on} = 2\,\mathrm{ns}$ und $T_{on} = 4\,\mathrm{ns}$ liegt die Abweichung mit weniger als 1.5 dB im Bereich der Messungenauigkeit der Messanordnung.

Die Leistungsaufnahme des Prototyps des kreuzgekoppelten Oszillators wurde für den ausgewählten Arbeitspunktstrom gemessen und ist in Tabelle 5.2 nach Baugruppen getrennt dargestellt. Der verwendete Modulationstaktgeneratorschaltkreis

Tabelle 5.2: Übersicht der Verlustleistung des Gesamtprototypen des kreuzgekoppelten Oszillators für einen Arbeitspunktstrom $I_0 = 12.1\,\mathrm{mA}$.

Baugruppe	Betriebsmodus	Wert
SILO-IC	kontinuierlicher Betrieb	86.9 mW
SILO-IC	Schaltbetrieb, $T_{on} = 1\,\mathrm{ns}$, $f_{mod} = 50\,\mathrm{MHz}$	19.1 mW
SILO-IC	Schaltbetrieb, $T_{on} = 2\,\mathrm{ns}$, $f_{mod} = 50\,\mathrm{MHz}$	21.7 mW
SILO-IC	Schaltbetrieb, $T_{on} = 4\,\mathrm{ns}$, $f_{mod} = 50\,\mathrm{MHz}$	27.4 mW
Taktgenerator	Schaltbetrieb, $f_{mod} = 50\,\mathrm{MHz}$	21.5 mW
Rest	Schaltbetrieb, Standby	2.8 mW

hat eine im Vergleich zum SILO-IC hohe DC-Verlustleistung. Die Verwendung eines verlustleistungsoptimierten Taktgenerators ist daher eine in dieser Arbeit nicht weiter verfolgte Optimierungsoption.

Für die Verwendung des SILO-Prototypen in einer Abstandsmessung sind die Werte im Schaltbetrieb maßgebend. In guter Näherung wird die Verlustleistung des Prototypen des kreuzgekoppelten Oszillators im Schaltbetrieb durch Gleichung 5.1 approximiert.

$$P_{DC} = 72.3\,\text{mW} \cdot T_{on} \cdot f_{mod} + 38.7\,\text{mW} \tag{5.1}$$

5.1.3 *Common-Base-Colpitts*-Oszillator

Im folgenden Abschnitt werden die Ergebnisse der Charakterisierung des Gesamtprototypen des *Common-Base-Colpitts*-Oszillators gezeigt. Ein Ausschnitt der HF-Leiterplatte des *Common-Base-Colpitts*-Oszillators ist in Abbildung 5.9 dargestellt. Darin ist der in einer Vertiefung platzierte IC einschließlich der Bondverbindungen

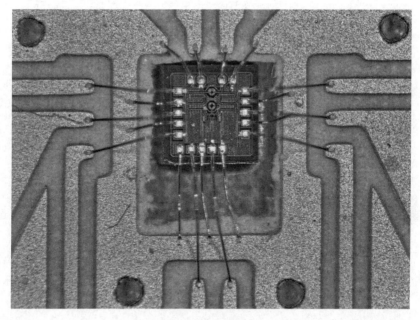

Abbildung 5.9: Ausschnitt der HF-Leiterplatte des *Common-Base-Colpitts*-Oszillators.

zu sehen. Alle Messungen bis auf die des Eingangsreflexionsfaktors wurden mit dem Messaufbau nach Abbildung 5.2 durchgeführt.

Der Betrag des Eingangsreflexionsfaktors des *Common-Base-Colpitts*-Oszillators ist in Abbildung 5.10(a) dargestellt. Der Verlauf des Reflexionsfaktors wird im Be-

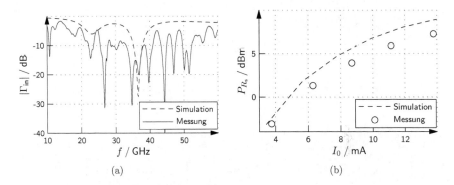

(a)　　　　　　　　　　　　　　　　(b)

Abbildung 5.10: Vergleich des Eingangsreflexionsfaktors $|\Gamma_{in}|$ des ausgeschalteten *Common-Base-Colpitts*-Oszillators (a) und der Ausgangsleistung P_{R_s} des eingeschalteten *Common-Base-Colpitts*-Oszillators (b) zwischen *Post-Layout*-Simulation und Messung.

reich der Zielfrequenz gut durch die *Post-Layout*-Simulation vorhergesagt. Im Bereich von 33.1 GHz bis 38.2 GHz ist der Eingangsreflexionsfaktor kleiner als -10 dB. Die in regelmäßigen Abständen wiederkehrenden Bereiche mit $|\Gamma_{in}| < -10$ dB werden durch die in der *Post-Layout*-Simulation nicht enthaltenen PCB-Komponenten wie der Mikrostreifenleitung (1.7 cm) zwischen Balun und V-Konnektor, dem Balun und dem Bond-*Interface* verursacht. Die Abweichung der Anpassfrequenz zwischen Simulation und Messung liegt im Bereich der erwarteten Prozessvariationen.

Die in Abbildung 5.10(b) dargestellte Ausgangsleistung des *Common-Base-Colpitts*-Oszillators weicht im Mittel um 1.5 dB von den simulierten Werten ab. Für die nachfolgenden Messungen wurde ein Arbeitspunktstrom von $I_0 = 13.8$ mA gewählt, bei dem eine zum kreuzgekoppelten Oszillator vergleichbare, kontinuierliche Ausgangsleistung von 7.3 dBm erreicht wird.

Die Abhängigkeit der Oszillationsfrequenz f_{osc} vom Arbeitspunktstrom ist in Abbildung 5.11 dargestellt. Der qualitative Verlauf stimmt gut mit den simulierten

Werten überein. Allerdings ist der Absolutwert der gemessenen Oszillationsfrequenz um etwa 1 GHz höher. Der Unterschied liegt innerhalb des erwarteten Bereichs, der durch Prozessvariationen und Ungenauigkeiten der Extraktion von parasitären Elementen aus dem *Layout* verursacht wird. Die Oszillationsfrequenz ist für den gewählten Arbeitspunkt im Bereich von 34.5 GHz bis 36.9 GHz einstellbar.

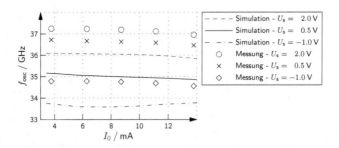

Abbildung 5.11: Vergleich der Oszillationsfrequenz f_{osc} des *Common-Base-Colpitts-Oszillators* zwischen *Post-Layout*-Simulation und Messung.

Das Rauschverhalten des *Common-Base-Colpitts*-Oszillators wurde nach der im Abschnitt 5.1.1 beschriebenen Methode gemessen. In Abbildung 5.12 ist der gemessene Spitzenwert der Einhüllenden der phasenkohärenten Signalanteile des Leistungsspektrums $P_{a,env,max}$ mit Kreissymbolen dargestellt. Aus dem Schnittpunkt der Extrapolationsgeraden wird die eingangs- und ausgangsbezogene Rauschleistung $(P_{i,N}, P_{o,N})$ ermittelt. Für die mit „Modell" bezeichneten Kurven wurde die eingangsbezogenen Rauschleistung $P_{i,N} = -66$ dBm aus Abschnitt 4.2.2 verwendet. Die Abweichung der maximalen Spitzenwerte der Einhüllenden wird wie beim kreuzgekoppelten Oszillator im Wesentlichen durch die Anschwingzeit und die damit verbundene Abweichung der geschätzten Einschaltzeit T_{on} verursacht.

Die eingangsbezogene Rauschleistung $P_{i,N}$ wurde für verschiedene Arbeitspunktströme und Pulsweiten gemessen und in Abbildung 5.13 dargestellt. Die Abweichung zu dem im Modell vorhergesagten Wert ist näherungsweise unabhängig vom Arbeitspunktstrom. Allerdings existiert eine Abhängigkeit von der Pulsweite. Für kurze Pulse ($T_{on} = 1$ ns) ist die Abweichung mit 4 dB am größten. Für Pulsweiten von $T_{on} = 2$ ns und $T_{on} = 4$ ns liegt die Abweichung mit weniger als 2 dB im Bereich der Messungenauigkeit der Messanordnung.

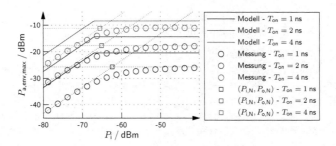

Abbildung 5.12: Spitzenwert der Einhüllenden des Leistungsspektrums $P_{a,env,max}$ des *Common-Base-Colpitts*-Oszillators in Abhängigkeit der Injektionsleistung P_i für verschiedene Einschaltzeiten T_{on} ($f_{mod} = 50\text{MHz}$, $I_0 = 13.8$ mA).

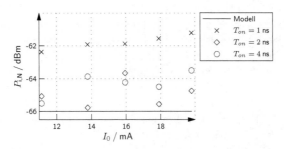

Abbildung 5.13: Eingangsbezogene Rauschleistung $P_{i,N}$ des *Common-Base-Colpitts*-Oszillators in Abhängigkeit des Arbeitspunktstromes I_0 für verschiedene Einschaltzeiten T_{on} ($f_{mod} = 50$ MHz).

Die Leistungsaufnahme des Prototypen des *Common-Base-Colpitts*-Oszillators wurde für den ausgewählten Arbeitspunktstrom gemessen und ist in Tabelle 5.3 nach Baugruppen getrennt dargestellt.

Für die Verwendung des SILO-Prototypen in einer Abstandsmessung sind die Werte im Schaltbetrieb maßgebend. In guter Näherung wird die Verlustleistung des Prototypen des *Common-Base-Colpitts*-Oszillators im Schaltbetrieb durch Gleichung 5.2 approximiert.

$$P_{DC} = 81 \text{ mW} \cdot T_{on} \cdot f_{mod} + 40.7 \text{ mW} \qquad (5.2)$$

Tabelle 5.3: Übersicht der Verlustleistung des Gesamtprototypen des *Common-Base-Colpitts*-Oszillators für einen Arbeitspunktstrom $I_0 = 13.8$ mA.

Baugruppe	Betriebsmodus	Wert
SILO-IC	kontinuierlicher Betrieb	97.5 mW
SILO-IC	Schaltbetrieb, $T_{on} = 1$ ns, $f_{mod} = 50$ MHz	20.9 mW
SILO-IC	Schaltbetrieb, $T_{on} = 2$ ns, $f_{mod} = 50$ MHz	24.7 mW
SILO-IC	Schaltbetrieb, $T_{on} = 4$ ns, $f_{mod} = 50$ MHz	31.7 mW
Taktgenerator	Schaltbetrieb, $f_{mod} = 50$ MHz	21.5 mW
Rest	Schaltbetrieb, Standby	2.8 mW

5.1.4 LC-Ringoszillator

Im folgenden Abschnitt werden die Ergebnisse der Charakterisierung des Gesamtprototypen des LC-Ringoszillators gezeigt. Ein Ausschnitt der HF-Leiterplatte des LC-Ringoszillators ist in Abbildung 5.14 dargestellt. Darin ist der in einer Vertiefung platzierte IC einschließlich der Bondverbindungen und das Doppelbond-*Interface* zu sehen. Alle Messungen bis auf die des Eingangsreflexionsfaktors wurden mit dem Messaufbau nach Abbildung 5.2 durchgeführt.

Der Betrag des Eingangsreflexionsfaktors des LC-Ringoszillators ist in Abbildung 5.10(a) dargestellt. Der Verlauf des Reflexionsfaktors wird wie beim kreuzgekoppelten Oszillator im Bereich der Zielfrequenz sehr gut durch die *Post-Layout*-Simulation vorhergesagt. Die Abweichung der Anpassfrequenz zwischen Simulation und Messung liegt im Bereich der erwarteten Prozessvariationen. Bei 34.3 GHz ist der Eingang des LC-Ringoszillators an die Quellimpedanz angepasst. Die in regelmäßigen Abständen wiederkehrenden Bereiche mit $|\Gamma_{in}| < -10$ dB werden durch die in der *Post-Layout*-Simulation nicht enthaltenen PCB-Komponenten wie der Mikrostreifenleitung (1.7 cm) zwischen Balun und V-Konnektor, dem Balun und dem Bond-*Interface* verursacht.

Die in Abbildung 5.15(b) dargestellte Ausgangsleistung des LC-Ringoszillators weicht im Mittel um 1.0 dB von den simulierten Werten ab. Für die nachfolgenden Messungen wurde ein Arbeitspunktstrom von $I_{0,PA} = 27.5$ mA gewählt, bei dem eine zum kreuzgekoppelten Oszillator vergleichbare, kontinuierliche Ausgangsleistung von 7.2 dBm erreicht wird.

Die Abhängigkeit der Oszillationsfrequenz f_{osc} vom Arbeitspunktstrom ist in Abbildung 5.16 dargestellt. Der qualitative Verlauf stimmt gut mit den simulierten Werten überein. Allerdings ist der Absolutwert der gemessenen Oszillationsfrequenz um etwa 250 MHz höher. Der Unterschied liegt innerhalb des erwarteten Bereichs, der durch Prozessvariationen und Ungenauigkeiten der Extraktion von parasitären

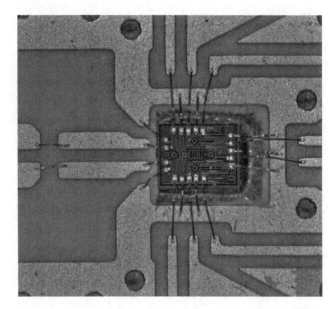

Abbildung 5.14: Ausschnitt der HF-Leiterplatte des LC-Ringoszillators.

Elementen aus dem *Layout* verursacht wird. Die Oszillationsfrequenz ist für den gewählten Arbeitspunkt im Bereich von 34.5 GHz bis 36.0 GHz einstellbar.

Das Rauschverhalten des LC-Ringoszillators wurde nach der im Abschnitt 5.1.1 beschriebenen Methode gemessen. In Abbildung 5.17 ist der gemessene Spitzenwert der Einhüllenden der phasenkohärenten Signalanteile des Leistungsspektrums $P_{a,env,max}$ mit Kreissymbolen dargestellt. Aus dem Schnittpunkt der Extrapolationsgeraden wird die eingangs- und ausgangsbezogene Rauschleistung ($P_{i,N}$, $P_{o,N}$) ermittelt. Für die mit „Modell" bezeichneten Kurven wurde die eingangsbezogenen Rauschleistung $P_{i,N} = -58$ dBm aus Abschnitt 4.2.3 verwendet. Die Abweichung der maximalen Spitzenwerte der Einhüllenden ist niedriger als bei den beiden anderen SILO-Varianten, da die Anschwingzeit durch den größeren Entdämpfungsfaktor kürzer und damit der Unterschied zu einer rechteckförmigen Einhüllenden des Zeitsignals kleiner ist.

Die eingangsbezogene Rauschleistung $P_{i,N}$ wurde für verschiedene Arbeitspunktströme und Pulsweiten gemessen und in Abbildung 5.18 dargestellt. Die Abweichung zu dem im Modell vorhergesagten Wert ist näherungsweise unabhängig vom Arbeitspunktstrom und von der Pulsweite. Die Abweichung liegt mit weniger als 2 dB im

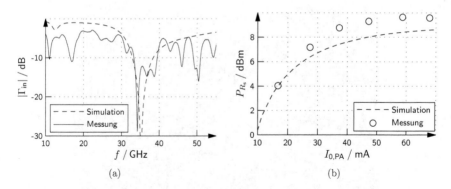

(a)   (b)

Abbildung 5.15: Vergleich des Eingangsreflexionsfaktors $|\Gamma_{in}|$ des ausgeschalteten LC-Ringoszillators (a) und der Ausgangsleistung P_{R_s} des eingeschalteten LC-Ringoszillators (b) zwischen *Post-Layout*-Simulation und Messung.

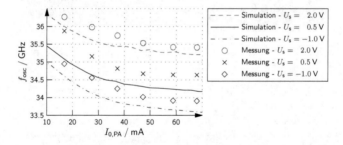

Abbildung 5.16: Vergleich der Oszillationsfrequenz f_{osc} des LC-Ringoszillators zwischen *Post-Layout*-Simulation und Messung.

Bereich der Messungenauigkeit der Messanordnung.

Die Leistungsaufnahme des Prototypen des LC-Ringoszillators wurde für den ausgewählten Arbeitspunktstrom gemessen und ist in Tabelle 5.4 nach Baugruppen getrennt dargestellt.

Für die Verwendung des SILO-Prototypen in einer Abstandsmessung sind die Werte im Schaltbetrieb maßgebend. In guter Näherung wird die Verlustleistung des Prototypen des LC-Ringoszillators im Schaltbetrieb durch Gleichung 5.3 approximiert.

$$P_{DC} = 90\,\text{mW} \cdot T_{on} \cdot f_{mod} + 133.3\,\text{mW} \tag{5.3}$$

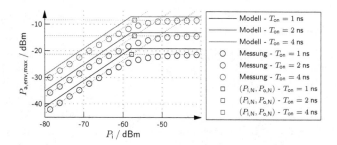

Abbildung 5.17. Spitzenwert der Einhüllenden des Leistungsspektrums $P_{a,env,max}$ des LC-Ringoszillators in Abhängigkeit der Injektionsleistung P_i für verschiedene Einschaltzeiten T_{on} ($f_{mod} = 50$ MHz, $I_{0,PA} = 27.5$ mA).

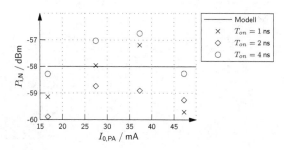

Abbildung 5.18: Eingangsbezogene Rauschleistung $P_{i,N}$ des LC-Ringoszillators in Abhängigkeit des Arbeitspunktstromes $I_{0,PA}$ für verschiedene Einschaltzeiten T_{on} ($f_{mod} = 50$ MHz).

5.2 Abstandsmessung

5.2.1 Beschreibung des Abstandsmesssystems

Zur Verifikation der geschalteten Oszillatoren in einem FMCW-Radarsystem wurden Abstandsmessungen durchgeführt. Die dafür verwendete Basisstation wurde im Rahmen des Forschungsprojektes LOMMID vom Institut für Hochfrequenztechnik der Friedrich-Alexander Universität Erlangen-Nürnberg [43] entwickelt und wird an dieser Stelle nur kurz vorgestellt. Der Messaufbau wurde bereits in [70] publiziert.

In Abbildung 5.19 ist das Systemkonzept des SILO-basierten Abstandsmesssystems dargestellt. Darin besteht die Basisstation des Versuchsaufbaus aus diskre-

Tabelle 5.4: Übersicht der Verlustleistung des Gesamtprototypen des LC-Ringoszillators für einen Arbeitspunktstrom $I_{0,PA} = 27.5$ mA.

Baugruppe	Betriebsmodus	Wert
SILO-IC	kontinuierlicher Betrieb	199 mW
SILO-IC	Schaltbetrieb, $T_{on} = 1$ ns, $f_{mod} = 50$ MHz	114.1 mW
SILO-IC	Schaltbetrieb, $T_{on} = 2$ ns, $f_{mod} = 50$ MHz	118.2 mW
SILO-IC	Schaltbetrieb, $T_{on} = 4$ ns, $f_{mod} = 50$ MHz	126.0 mW
Taktgenerator	Schaltbetrieb, $f_{mod} = 50$ MHz	21.5 mW
Rest	Schaltbetrieb, Standby	2.8 mW

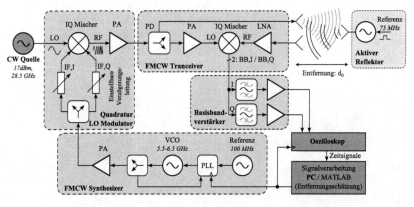

Abbildung 5.19: Aufbau des SILO-basierten FMCW-Radarsystems.

ten kommerziellen HF-Modulen, diskreten HF-Schaltkreisen, einer HF-Signalquelle (CW-Quelle), einem Oszilloskop und einem handelsüblichen PC.

In dem Messsystem wird auf einem separaten PCB (FMCW-Synthesizer) eine zeitlineare Frequenzrampe mit der Bandbreite $B_r = 500$ MHz und einer Rampendauer $T_r = 1$ms im Frequenzbereich von 5.7GHz bis 6.2GHz generiert. Diese Frequenzrampe wird im Quadratur-LO-Modulator zur Spiegelfrequenzunterdrückung mit einem IQ-Mischer in den Bereich der Zielfrequenz von 34.2 GHz bis 34.7 GHz gemischt. Dazu wird eine HF-Sinusquelle der Firma AGILENT [44] mit einer Ausgangsleistung von 17 dBm und einer Frequenz von 28.5 GHz am LO-Eingang des Mischers verwendet. Anschließend wird das hochgemischte Rampensignal mit einem PA auf eine Signalleistung von 16 dBm verstärkt.

Im FMCW-Transceiver, dessen Realisierung beispielhaft für die Gesamtbasisstation in Abbildung 5.20 dargestellt ist, wird das Rampensignal in Sendesignal und

LO-Signal für den Empfangspfad mit einem resistiven Leistungteiler geteilt. Das Sendesignal wird direkt an die Sendeantenne (TX) angelegt. Das vom aktiven Re-

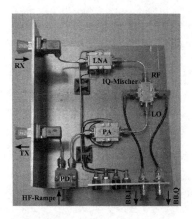

Abbildung 5.20: Prototyp des, von [43] entwickelten, FMCW-*Tranceivers*.

flektor regenerierte und modulierte Signal wird im FMCW-*Transceiver* an einer zweiten Hornantenne (RX, baugleich zur Antenne am aktiven Reflektor in Abbildung 4.49(b)) empfangen und mit einem LNA verstärkt. Das verwendete LNA-Modul (HMC-C027) der Firma HITTITE MICROWAVE, INC. [45] hat eine Verstärkung von $G_{\mathrm{LNA}} = 20$ dB. Am IQ-Mischer wird das Empfangssignal mit der Senderampe ins Basisband heruntergemischt. Das verwendete IQ-Mischermodul (HMC-C047) der Firma HITTITE hat einen Konversionsgewinn von $G_{\mathrm{MX}} = -12$ dB.

Der Basisbandverstärker wurde aus diskreten Operationsverstärkerschaltkreisen aufgebaut. Er hat eine Verstärkung von 57 dB bei einer oberen Grenzfrequenz von 130 MHz und einer unteren Grenzfrequenz von 1 MHz. Der Spannungszeitverlauf an den Ausgängen des Basisbandverstärkers wurde mit einem digitalen Oszilloskop bei einer Abtastrate von $f_{\mathrm{s}} = 500$ MHz für die Dauer einer Senderampe von $T_{\mathrm{r}} = 1$ ms aufgezeichnet und an einen PC übertragen. Dabei wurde das Rampenstartsignal der PLL als *Trigger* für die Aufzeichnung verwendet.

Die Signalverarbeitung und Entfernungsberechnung wurde mit dem Mathematikprogramm MATLAB® [35] an einem PC durchgeführt. Dabei wurde für jeden Messpunkt folgender Algorithmus angewendet:

- Multiplikation des Basisbandzeitsignals aus dem Spannungszeitverlauf vom Oszilloskop mit einem komplexen harmonischen Signal der Frequenz des Modulationstaktes des aktiven Reflektors f_{mod}

- Schrittweise Tiefpassfilterung ($f_{\mathrm{g}} = 500\,\mathrm{kHz}$) und Reduktion der Abtastrate (*downsampling*) auf $f_{\mathrm{s}} = 1\,\mathrm{MHz}$

- Berechnung des Leistungsspektrums (FFT) mit einem *Zero-Padding*-Faktor von 16.

- Maximumsuche im Leistungsspektrum im Bereich $f > 0$ und im Bereich $f < 0$

- Parabelinterpolation im Bereich der Maxima

- Berechnung der Entfernung d_{m} aus der Differenzfrequenz der interpolierten Maxima mit Gleichung 3.42.

Weiterhin wurden Referenzmessungen für jede Messposition zur Bestimmung des wahren Abstandes d_0 mit einem Lasermessgerät bzw. einem Tachymeter durchgeführt.

5.2.2 Ergebnisse der Abstandsmessungen

Im folgenden Abschnitt werden die Ergebnisse der Abstandsmessung mit dem vorgestellten Systemaufbau gezeigt. Darin sind die Ergebnisse für die Prototypen des kreuzgekoppelten Oszillators als CC300, des *Common-Base-Colpitts* Oszillators als CB600 und des LC-Ringoszillators als RingOsc gekennzeichnet. In allen Messungen wurde, wenn nicht explizit anders genannt, eine Pulsweite der SILO-Prototypen von $T_{\mathrm{on}} = 2\,\mathrm{ns}$ und eine Modulationsfrequenz von $f_{\mathrm{mod}} = 75\,\mathrm{MHz}$ verwendet. Ziel dieser Charakterisierung ist der Nachweis der Funktionalität der SILO-Prototypen in einem SILO-basierten FMCW-Radarsystem.

Definitionen

Die in den folgenden Abschnitten verwendeten Begriffe zur Beschreibung der Präzision und Genauigkeit eines Abstandsmesssystems werden an dieser Stelle definiert. Dafür wird stets vorausgesetzt, dass innerhalb einer Messreihe an M verschiedenen Messpositionen je N Einzelmessungen durchgeführt werden.

Der Fehler r der Abstandsmessung entspricht der Abweichung des Messwertes d_{m} zum Messwert des Referenzsystems d_0 in einer Einzelmessung.

$$r = d_{\mathrm{m}} - d_0 \tag{5.4}$$

Der mittlere bzw. maximale Fehler in einer Messreihe entspricht dem Mittelwert bzw. dem Maximum des Fehler aller Einzelmessungen im betrachteten Messbereich. Die Präzision $\sigma_{d_{\mathrm{m}}}$ einer Messung kennzeichnet die Wiederholgenauigkeit einer Einzelmessung unter identischen Bedingungen. Sie entspricht der Standardabweichung der N Einzelmessungen an einer bestimmten Messposition.

$$\sigma_{d_{\mathrm{m}}} = \sqrt{\frac{1}{N-1} \sum_{i=1}^{N} (r_{\mathrm{i}} - \overline{r})^2} \tag{5.5}$$

Die mittlere Präzision $\overline{\sigma}_{d_{\mathrm{m}}}$ wird als Mittelwert der Prazisionen an M verschiedenen Messpositionen innerhalb eines Messbereich definiert.

$$\overline{\sigma}_{d_{\mathrm{m}}} = \frac{1}{M} \sum_{i=1}^{M} \sigma_{d_{\mathrm{m,i}}} \tag{5.6}$$

Diese Größe ist keine statistische Kenngröße im engeren Sinne. Sie wird ausschließlich zur Reduktion der positionsabhängigen Präzision auf einen Kennwert für tabellarische Vergleiche eingeführt.

Die Genauigkeit ξ der Abstandsmessungen innerhalb einer Messreihe entspricht der Standardabweichung der Fehler aller $N \cdot M$ Einzelmessungen der Messreihe und kennzeichnet die Streuung der Messwerte in diesem.

$$\xi = \sqrt{\frac{1}{N \cdot M - 1} \sum_{i=1}^{M} \sum_{k=1}^{N} (r_{\mathrm{i,k}} - \overline{r})^2} \tag{5.7}$$

Antennenmesskammer

Um Multipfadeffekte zunächst auszuschließen, wurden für die Charakterisierung des Abstandsmesssystems Messungen in einer Antennenmesskammer durchgeführt. In Abbildung 5.21 ist das Basisbandleistungsspektrum exemplarisch für vier Abstandsmessungen in einer Entfernung von $d_0 = 2.39\,\mathrm{m}$ bis $d_0 = 3.95\,\mathrm{m}$ mit dem Prototypen des kreuzgekoppelten Oszillators dargestellt. Die Spektren für andere Entfernungen und Prototypen sind sehr ähnlich. Im Folgenden wird daher nur die aus den Maxima bestimmte Entfernung d_{m} und deren statistische Kennwerte angegeben.

Das dargestellte Spektrum zeigt, dass der Verlauf des Basisbandleistungsspektrums sehr gut dem im Abschnitt 3.4 hergeleiteten Zusammenhang entspricht. Für das berechnete Spektrum wurde Gleichung 3.44 um die Verstärkung des Basisbandverstärkers erweitert, um f_{mod} verschoben und in eine Leistung umgerechnet. Außerdem ist im Spektrum zu sehen, dass die beiden gemessenen *Peaks* nicht exakt zu

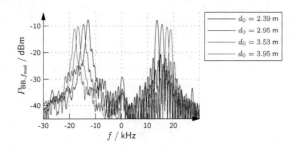

Abbildung 5.21: Basisbandleistungsspektrum des kreuzgekoppelten Oszillators für verschiedene Entfernungen.

75 MHz symmetrisch sind. Daher kann gefolgert werden, dass die Modulationsfrequenz nicht exakt 75 MHz entspricht, sondern um 500 Hz größer war. Damit wird der Vorteil der Berechnung der Entfernung aus der Frequenzdifferenz, wie in Anschnitt 3.4 gezeigt, ersichtlich.

In Abbildung 5.22 sind zwei Ausschnitte des Basisbandleistungsspektrums nochmal vergrößert dargestellt. Die Hauptkeulenbandbreite und das Hauptkeulen- zu

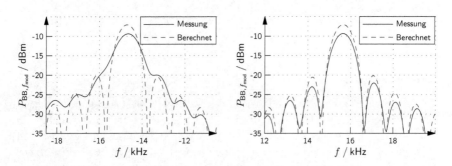

Abbildung 5.22: Basisbandleistungsspektrum (CC300) für $d_0 = 2.95$ m.

Nebenkeulenverhältnis entsprechen sehr gut den erwarteten Werten. Auch die Signalleistung des Basisbandsignals wird gut durch den analytisch berechneten Wert beschrieben. Des Weiteren wird deutlich, dass der Teil des Spektrums für $f < 0$ verzerrt ist. Dieses Verhalten, das für alle Messungen auftritt, wird nicht durch das verwendete Modell abgebildet. Der Grund für die Abweichung kann nach dem aktuellen Kenntnisstand nicht erklärt werden. Die Verzerrung spielt aber für die Funktionalität des Messsystems keine Rolle, da das Maximum nicht verschoben ist. Mit dem beschriebenen Messaufbau wurde für jeden SILO-Prototypen eine Messreihe mit je 50 Einzelmessungen bei je vier verschiedenen Entfernungen aufgenommen. Die Ergebnisse dieser Messreihe sind in Abbildung 5.23 dargestellt. Dabei

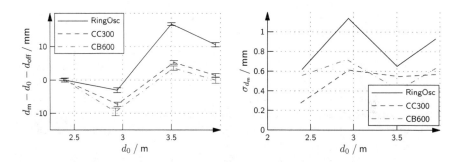

Abbildung 5.23: Entfernungsmessfehler (a) und Standardabweichung (b) der Einzelmessungen in der Antennenmesskammer.

wurde für jede Messreihe die Referenzmessung für d_0 mit einem Handlasermessgerät durchgeführt. Durch den losen Messaufbau entstand bei der Referenzmessung durch das notwendige manuelle Positionieren des Lasermessers ein Messfehler im Bereich von etwa 1 cm. Aus diesem Grund ist der Mittelwert des Fehlers an den vier Messpositionen nicht konstant und für den maximalen Messfehler kann daher aus dieser Messreihe nur eine Obergrenze von circa 10 mm angegeben werden.

Trotz des Messfehlers der Referenzmessungen kann die Präzision als charakteristische Größe für Rauscheinflüsse des Messsystems bewertet werden. Man erkennt in Abbildung 5.23(b), dass die Präzision σ_{d_m} für alle Positionen und SILO-Prototypen kleiner als 1.2 mm ist.

In Tabelle 5.5 sind die statistischen Kenngrößen der Messreihe zusammengefasst. Die darin mit * gekennzeichneten Werte sind aufgrund der Messungenauigkeit der Referenzmessung von ±5 mm keine charakteristischen Kennwerte des Abstandsmesssystems.

Die Unterschiede der mittleren Präzision zwischen den drei SILO-Prototypen in

127

Tabelle 5.5: Kenngrößen des Fehlers der Messreihe in der Antennenmesskammer im Bereich von 2.5 m bis 4 m.

Bezeichnung	RingOsc	CC300	CB600
mittlere Präzision	0.8 mm	0.5 mm	0.6 mm
mittlerer Fehler	6.1 mm*	-0.6 mm*	-1.5 mm*
maximaler Fehler	16.8 mm*	-7.3 mm*	-9.6 mm*
Genauigkeit	8.1 mm*	4.2 mm*	4.9 mm*

der Messreihe sind statistisch nicht signifikant. Außerdem ist der Einfluss der Phasenabtastung und der Einfluss der anderen Systemrauschgrößen wie z.b. das Phasenrauschen der Modulationstaktquelle oder das Phasenrauschen des PLL-Taktgenerators nicht trennbar. Allerdings kann aufgrund der hohen Eingangsleistung am Eingang der SILO-Prototypen von $-35\ldots-45$ dBm $> P_{i,N}$ bei den geringen Messentfernungen postuliert werden, dass nicht die SILO-Prototypen die dominante Ursache für die gemessene Standardabweichung darstellen.

Weiterhin wurde jeweils der systematische Offset der Entfernungsmessung d_{off} als Differenz des Messwertes der ersten Messposition zur Referenzmessung an dieser ermittelt und in Tabelle 5.6 angegeben. Dieser Offset enthält die elektrische Länge

Tabelle 5.6: Systematischer Offset d_{off}.

SILO-Protoyp	d_{off}
RingOsc	1.499 m
CC300	1.604 m
CB600	1.589 m

des 80 cm-Kabels zwischen der SILO-Antenne und den SILO-Prototypen, die elektrische Länge der Leitungen vom V-Konnektor auf dem PCB bis zum Resonator, den Unterschied der elektrischen Längen von Sendepfad und Empfangspfad in der Basisstation sowie den in im Abschnitt 3.4 hergeleiteten Offset von $\frac{cT_{on}}{4}$. Außerdem ist darin der Positionierungsfehler des Referenzmessgerätes zu den exakten Antennenpositionen für die erste Messposition enthalten.

Szenario 1

In einer zweiten Messreihe wurde das SILO-basierte FMCW-Radarsystem in einer Umgebung mit moderatem Multipfadeinfluss untersucht. Die Draufsicht des Messszenarios ist in Abbildung 5.24 dargestellt. Die Basisstation und die SILO-Prototypen

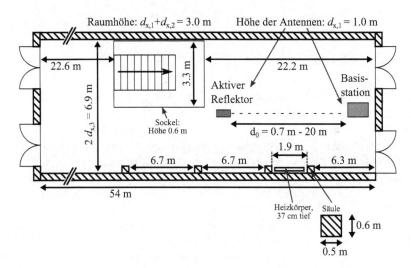

Abbildung 5.24: Anordnung des Messaufbaus im Szenario 1.

wurden auf Messwagen in einer Höhe von $d_{x,1} = 1$ m über dem Boden in der Mitte des Raumes platziert. Der Abstand zur Decke betrug $d_{x,2} = 2$ m der Abstand zu den beiden Wänden $d_{x,3} = 3.45$ m. Damit ergibt sich die Länge der Multipfade $d_{MP,i}$ nach Gleichung 5.8.

$$d_{MP,i} = \sqrt{d_0^2 + 4d_{x,i}^2} \quad (5.8)$$

In [73] wurde gezeigt, dass der Entfernungsmessfehler eines FMCW-Radarsystems in einer Multipfadumgebung durch den Längenunterschied zwischen direktem Pfad und den Multipfaden bestimmt wird. In Abbildung 5.25 ist daher die Differenz $\Delta d_{MP,i}$ der Länge der Multipfade $d_{MP,i}$ zum direkten Pfad d_0 für das gegebene Szenario dargestellt. Nach [73] steigt der Fehler r bis zu einer Differenz von $\Delta d_{MP,i} = \frac{2}{3}\frac{c}{B_r} = 40$ cm linear an und beträgt maximal $r = \frac{1}{3}\frac{c}{B_r} = 20$ cm. Oberhalb dieser

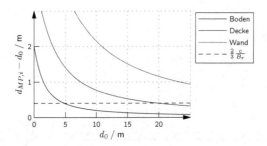

Abbildung 5.25: Differenz der Länge der Multipfade $d_{MP,i}$ zum direkten Pfad d_0.

Pfaddifferenz ist der Fehler stets kleiner als $0.08 \cdot \frac{c}{B_r} = 4.8$ cm. Daher ist für das untersuchte Szenario im Bereich $d_0 < 5$ m ein maximaler Fehler von etwa 5 cm und für höhere Entfernungen ein maximaler Fehler von 20 cm durch die Bodenreflexion zu erwarten. Für die theoretischen Untersuchungen wurde angenommen, dass die Signalleistung der Multipfadkomponenten im Basisbandsignal gleich der Signalleistung des direkten Pfades ist. Für den Fall, dass die Signalleistung des direkten Pfades größer ist, verschiebt sich die Grenze zu größeren Entfernungen, ab der der direkter Pfad und der Multipfad nicht mehr trennbar sind.

Für die Charakterisierung der Messgenauigkeit in Szenario 1 wurden in einem Entfernungsbereich von 0.7 m bis 20 m in Abständen von circa 60 cm für alle SILO-Prototypen je 11 Einzelmessungen durchgeführt. Der Entfernungsmessfehler ist in Abbildung 5.26 dargestellt. Wie bei der Charakterisierung in der Antennenmesskammer wurde der Messfehler auf den Messwert an der ersten Messposition normiert. Die Genauigkeit der Referenzmessung mit dem Lasermessgerät betrug circa ±0.5 cm. Der Entfernungsmessfehler im Bereich von 0.7 m bis 8 m ist für alle SILO-Prototypen niedriger als 5 cm. Dies stimmt gut mit der theoretischen Betrachtung zum Messfehler in diesem Szenario überein. Im Bereich von 8 m bis 17 m nimmt der Fehler zu und liegt im erwarteten Bereich von −10 cm bis 20 cm. Oberhalb dieser Entfernung steigt der Fehler an einigen Positionen sprunghaft auf über 1 m an. Die Auswertung der dazugehörigen Spektren zeigt, dass an diesen Positionen der direkte Pfad stark gedämpft wird und der verwendete Maximumdetektor einen Multipfad detektiert. Die Dämpfung des direkten Pfades wird durch die Überlagerung von mehreren Multipfaden (*Fading*) verursacht.

In Abbildung 5.27 ist die Standardabweichung der 11 Einzelmessungen an den verschiedenen Messpositionen dargestellt. Die Standardabweichung ist im Bereich 0.7 m bis 8 m mit maximal 3.2 mm deutlich kleiner als im Bereich von 8 m bis 17 m. In

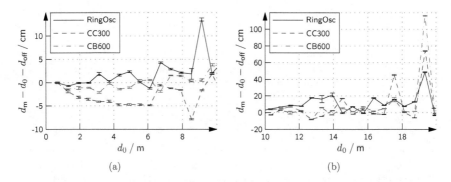

(a)　　　　　　　　　　　　　　　(b)

Abbildung 5.26: Entfernungsmessfehler der Einzelmessungen in Szenario 1.

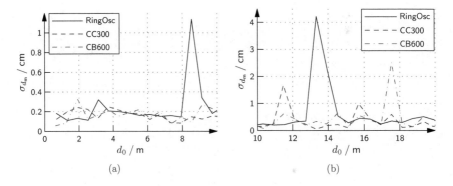

(a)　　　　　　　　　　　　　　　(b)

Abbildung 5.27: Standardabweichung der Einzelmessungen in Szenario 1.

der Messreihe existiert nur eine sehr schwache Korrelation zwischen Fehler und Standardabweichung. Daher sind systematische Multipfadeffekte die dominante Ursache des Messfehlers in diesem Szenario. Die Reichweite wird somit nicht durch das im Abschnitt 3.4 beschriebene abstandsabhängige Rauschen bei der Phasenabtastung am aktiven Reflektor limitiert.

Mit den verwendeten einfachen Algorithmen zur Signalauswertung beträgt die Reichweite des Entfernungsmesssystems unabhängig vom verwendeten SILO-Prototypen in diesem Szenario daher 17 m.

In den Tabellen 5.7 und 5.8 sind die Ergebnisse der Messungen in den beiden Entfernungsbereichen mit statistischen Kennwerten zusammengefasst.

Da die Multipfadeffekte die dominante Fehlerursache in diesem Szenario sind,

131

Tabelle 5.7: Kenngrößen des Fehlers der Messreihe in Szenario 1 im Bereich von 0.7 m bis 8 m.

Bezeichnung	RingOsc	CC300	CB600
mittlere Präzision	1.7 mm	1.7 mm	1.6 mm
mittlerer Fehler	1.1 cm	−3.0 cm	−0.5 cm
maximaler Fehler	4.3 cm	4.8 cm	−2.1 cm
Genauigkeit	1.6 cm	1.7 cm	1.2 cm

sind die statistischen Kennwerte der Messergebnisse der SILO-Prototypen bei nur näherungsweise gleichen Messpositionen lediglich beschränkt vergleichbar. Es zeigte sich, dass bereits wenige cm geringere oder größere Entfernungen bzw. geringfügig andere Ausrichtungen der Antennen einen starken Einfluss auf die im Spektrum sichtbaren Multipfade haben.

Tabelle 5.8: Kenngrößen des Fehlers der Messreihe in Szenario 1 im Bereich von 8 m bis 17 m.

Bezeichnung	RingOsc	CC300	CB600
mittlere Präzision	4.1 mm	1.9 mm	1.7 mm
mittlerer Fehler	4.7 cm	0.0 cm	1.3 cm
maximaler Fehler	21.2 cm	16.9 cm	−8.4 cm
Genauigkeit	6.7 cm	4.2 cm	3.1 cm

Die mittlere Präzision ist in beiden Messbereichen vergleichbar. Der höhere Wert für den LC-Ringoszillator wird durch eine fehlerhafte Detektion des spektralen *Peaks* an einigen Messpositionen verursacht. An diesen Stellen wird in einer der elf Einzelmessungen ein Multipfad-*Peak* detektiert. Dadurch erhöht sich die Standardabweichung an diesen Positionen signifikant.

Der maximale Fehler ist für den LC-Ringoszillator und den kreuzgekoppelten Oszillator mit etwa 5 cm im Messbereich von 0.7 m bis 8 m und mit etwa 20 cm im Messbereich von 8 m bis 17 m näherungsweise gleich. Für den *Common-Base-Colpitts*-Oszillator ist der maximale Fehler in beiden Messbereichen um circa 50 % niedriger.

Die Genauigkeit des SILO-basierten FMCW-Radarsystems ist ebenfalls für alle drei Oszillatorvarianten im Messbereich von 0.7m bis 8m mit etwa 1.5cm näherungsweise gleich. Im Bereich von 8 m bis 17 m unterscheiden sich die Genauigkeiten der drei Varianten geringfügig. Die Genauigkeit des *Common-Base-Colpitts*-Oszillators ist mit 3.1 cm am besten und für den LC-Ringoszillator mit 6.7 cm am schlechtesten.

Szenario 2

In einer dritten Messreihe wurde das SILO-basierte FMCW-Radarsystem in einer annähernd multipfadfreien Umgebung für große Entfernungen untersucht. Die Draufsicht des Messszenarios ist in Abbildung 5.28 dargestellt. Die Basisstation

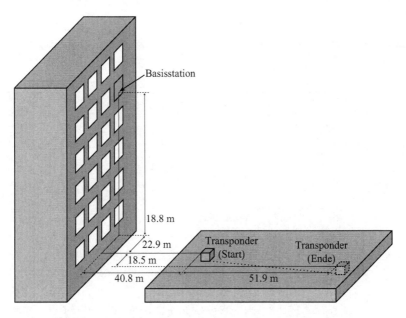

Abbildung 5.28: Anordnung des Messaufbaus im Szenario 2.

wurde am Fenster in einem Raum in der 6. Etage eines Gebäudes positioniert. Die SILO-Prototypen wurden auf einem Stativ montiert und der Abstand zur Basisstation wurde an verschiedenen Positionen auf einem Parkdeck in einem Entfernungsbereich von 45 m bis 100 m gemessen. Die Antennen der Basisstation und der SILO-Prototypen wurden manuell an jeder Messposition zueinander ausgerichtet.

Durch den Öffnungswinkel der Antenne der SILO-Prototypen von 30° und der beschriebenen Messanordnung ist die Bodenreflexion in diesem Szenario außerhalb des Richtbereichs der Antenne.

Für die Charakterisierung der Messgenauigkeit in Szenario 2 wurden in einem Entfernungsbereich von 45 m bis 100 m in Abständen von 2 m bis 6 m für alle SILO-Prototypen je 20 Einzelmessungen durchgeführt. Der Entfernungsmessfehler ist in Abbildung 5.29(a) dargestellt. Wie bei der Charakterisierung in der Antennenmesskammer wurde der Messfehler auf den Messwert an der ersten Messposition normiert. Die Genauigkeit der Referenzmessung mit einem Tachymeter betrug circa ±1 mm.

Der Entfernungsmessfehler und die Standardabweichung der Einzelmessungen sind in Abbildung 5.29 dargestellt. Aufgrund der multipfadfreien Umgebung ist

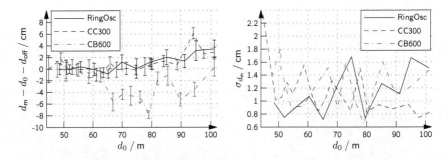

Abbildung 5.29: Entfernungsmessfehler der Einzelmessungen in Szenario 2.

der Fehler annähernd mittelwertfrei. Der Fehler liegt für alle SILO-Prototypen im Bereich von −7.8 cm und 6.1 cm.

In Tabelle 5.9 sind die Ergebnisse der Messungen mit statistischen Kennwerten zusammengefasst. Die mittlere Präzision ist für alle drei SILO-Prototypen annähernd gleich und beträgt in dem Szenario etwa 1.2 cm. Die im Vergleich zu Szenario 1 um den Faktor 5 schlechtere Präzision wird durch die geringeren Signalpegel (größere Entfernung) verursacht. Die Genauigkeit ist in dem multipfadfreien Szenario mit etwa 2 cm vergleichbar zur Genauigkeit im Szenario 1 im Messbereich von 0.7 m bis 8 m und um Faktor 2 bis 3 besser als im Messbereich von 8 m bis 17 m.

Tabelle 5.9: Kenngrößen des Fehlers der Messreihe in Szenario 2 im Bereich von 45 m bis 103 m.

Bezeichnung	RingOsc	CC300	CB600
mittlere Präzision	1.1 cm	1.1 cm	1.3 cm
mittlerer Fehler	1.0 cm	0.9 cm	−2.6 cm
maximaler Fehler	3.4 cm	6.1 cm	−7.8 cm
Genauigkeit	1.7 cm	1.9 cm	2.7 cm

5.3 Vergleich der SILO-Prototypen

Die im Abschnitt 5.1 gezeigten Messergebnisse der SILO-Prototypen sind in Tabelle 5.10 vergleichend dargestellt. Die Arbeitspunkte der SILO-Prototypen wurden

Tabelle 5.10: Vergleich der Parameter der SILO-Prototypen.

Bezeichnung	RingOsc	CC300	CB600
Kontinuierlicher Betrieb			
Oszillatormittenfrequenz / GHz	35.2	35.5	35.7
Frequenzstellbereich / GHz	1.5	2.7	2.4
Ausgangsleistung / dBm	7.2	7.5	7.3
DC-Verlustleistung / mW	223	111	122
Schaltbetrieb ($T_{on} = 4\,\text{ns}$, $f_{mod} = 50\,\text{MHz}$)			
Max. Ausgangsleistung $P_{o,N}$ / dBm	−8.4	−10	−11
Eingangsbezogene Rauschleistung $P_{i,N}$ / dBm	−57	−66.5	−64
DC-Verlustleistung / mW	150	52	56

derart gewählt, dass die Ausgangsleistung im kontinuierlichen Betrieb in etwa dem Zielwert von 7 dBm entspricht. Der Wirkungsgrad, der sich aus dem Verhältnis von Ausgangsleistung zur DC-Verlustleistung ergibt, ist daher in diesem Fall das relevante Gütemaß zum Vergleich der Varianten im kontinuierlichen Betriebsfall. Der Prototyp des kreuzgekoppelten Oszillators hat mit 5.1 % den höchsten Wirkungsgrad. Der vergleichsweise niedrige Wirkungsgrad des LC-Ringoszillator wird durch den mehrstufigen Oszillator verursacht. Einstufige Oszillatoren wie der kreuzgekoppelte Oszillator oder der *Common-Base-Colpitts*-Oszillator sind somit in Bezug auf den Wirkungsgrad zu bevorzugen.

In dem für das Abstandsmesssystem relevanten Schaltbetrieb haben die drei Oszillatorvarianten eine vergleichbare maximale phasenkohärente Ausgangsleistung. Die eingangsbezogene Rauschleistung, die in einem Messsystem zusammen mit der Ausgangsleistung wie im Abschnitt 3.4 gezeigt die maximale Reichweite bestimmt, ist für den LC-Ringoszillator um 9.5 dB höher als beim kreuzgekoppelten Oszillator bzw. um 7 dB höher als beim *Common-Base-Colpitts*-Oszillator. Die für den mobilen Einsatz des aktiven Reflektors entscheidende Verlustleistung im Schaltbetrieb ist für den LC-Ringoszillator um den Faktor 3 höher als bei den beiden einstufigen Oszillatorvarianten. Die wesentliche Ursache dafür ist, dass beim LC-Ringoszillator nur der Leistungsverstärker geschaltet wird und die anderen Verstärker in der Schleife auch in den Ausschaltphasen aktiv bleiben.

Die im Abschnitt 5.2.2 gezeigten Messergebnisse der SILO-Prototypen im Abstandsmesssystem sind in Tabelle 5.11 vergleichend dargestellt. In keinem der un-

Tabelle 5.11: Vergleich der SILO-Prototypen im Abstandsmesssystem.

Bezeichnung	RingOsc	CC300	CB600
Antennenmesskammer			
Messbereich: 2.4 m - 4 m			
Mittlere Präzision / cm	0.08	0.05	0.06
Szenario 1 - Innerhalb von Gebäuden			
Messbereich: 0.7 m - 8 m			
Mittlere Präzision / cm	0.17	0.17	0.16
Genauigkeit / cm	1.6	1.7	1.2
Maximaler Fehler / cm	4.3	4.8	2.1
Szenario 1 - Innerhalb von Gebäuden			
Messbereich: 8 m - 17 m			
Mittlere Präzision / cm	0.41	0.19	0.17
Genauigkeit / cm	6.7	4.2	3.1
Maximaler Fehler / cm	21.2	16.9	−8.4
Szenario 2 - Außerhalb von Gebäuden			
Messbereich: 45 m - 103 m			
Mittlere Präzision / cm	1.1	1.1	1.3
Genauigkeit / cm	1.7	1.9	2.7
Maximaler Fehler / cm	3.4	6.1	−7.8

tersuchten Messszenarien konnte ein signifikanter Unterschied in Bezug auf die verwendeten SILO-Prototypen festgestellt werden.

Die gemessene mittlere Präzision des charakterisierten Messsystems beträgt je nach Szenario zwischen 0.6mm und 1.2cm. Die Genauigkeit wurde in den Messungen im Bereich von 1.5 cm bis 4.7 cm ermittelt.

Die Angabe einer Reichweite des Messsystems ist nur unter der Randbedingung eines maximal zulässigen Fehlers sinnvoll. Unter der Bedingung, dass der maximale Fehler 5 cm nicht überschreiten darf, beträgt die Reichweite des Abstandsmesssystems für das Szenario in einem geschlossenen Raum 8m. Werden 20cm als maximaler Fehler zugelassen, ist das Abstandsmesssystem bis zu einer Entfernung von 17m verwendbar. Innerhalb von Gebäuden steigt der Fehler für größere Entfernungen auf Werte im Bereich von 1 m an. Es sind allerdings Anwendungen beispielsweise bei Annäherungssensoren denkbar, in denen die Verwendung dieses Systems auch mit dieser Genauigkeit sinnvoll ist. Außerhalb von Gebäuden konnten Reichweiten von über 100 m demonstriert werden. Im Messbereich von 45 m bis 103 m wurde eine Genauigkeit von unter 2 cm erreicht.

5.4 Vergleich mit anderen Arbeiten

FMCW-Sekundärradarsysteme mit geschalteten Oszillatoren wurden erstmals 2001 von L. Wiebking in [1] beschrieben. In seiner Dissertationsschrift beschreibt Wiebking [2] den Messansatz sowie ein Nahbereichsmesssystem nach diesem Prinzip. Allerdings geht er darin nicht auf die gemessenen Parameter seiner SILO-Realisierung ein. In weiteren Veröffentlichungen (z.B. [3]) wurden die theoretischen Grundlagen des Messprinzips weiterentwickelt ohne jedoch auf Hardwareaspekte näher einzugehen. In einer zweiten wichtigen Publikation auf dem Gebiet beschreibt S. Wehrli [28] die Realisierung eines FMCW-Sekundärradarsystems mit einem integrierten geschalteten Oszillator im 5.8 GHz-ISM-Band.

In weiteren Veröffentlichungen (z.B. [46, 47, 48, 49]) wurden geschaltete Oszillatoren für UWB-Kommunikationssysteme untersucht. Allerdings existieren in reinen Kommunikationssystemen andere Anforderungen, so dass die Ergebnisse nicht direkt vergleichbar sind.

In Tabelle 5.12 sind alle dem Autor bekannten Arbeiten zusammengefasst, die sich mit dem Entwurf von integrierten SILOs für Abstandsmesssysteme befassen. Darin wurde stellvertretend für die SILO-basierten Kommunikationssysteme die Arbeit [50] aufgeführt.

Tabelle 5.12 zeigt, dass keine bekannte SILO-Realisierung im gleichen Frequenzbereich existiert. Alle dargestellten Realisierungen (bis auf [50]) weisen eine vergleichbare Ausgangsleistung im kontinuierlichen Betrieb auf. Allerdings unterscheidet sich

Tabelle 5.12: Vergleich von integrierten SILO-Realisierungen.

	[61]	[28]	[50]	diese Arbeit (CC300)
Kontinuierlicher Betrieb				
Oszillatormittenfrequenz / GHz	2.35	6.1	7.5	35.5
Frequenzstellbereich / GHz	0.25	1.2	k.A.	2.7
Ausgangsleistung / dBm	9^a	5	−4.6	7.5
DC-Verlustleistung / mW	36^a	140	109	111
Schaltbetrieb				
Schaltfrequenz / MHz	12.5	1.5	10	50
Pulsweite / ns	24	13	1	2
Max. Ausgangsleistung / dBm	k.A.	-35^b	k.A.	−10
Eingangsbez. Rauschleistung / dBm	k.A.	-62^b	k.A.	−66.5
DC-Verlustleistung / mW	5^a	87^c	k.A.	52

[a]Nur Oszillator-IC ohne PCB: In gezeigten SILO-IC sind keine internen Referenzquellen und keine Modulationstaktquelle enthalten.

[b]Wert nicht explizit angegeben: Der Wert wurde aus den dargestellten Spektren für verschiedene Injektionsleistungen geschätzt.

[c]Wert nicht explizit angegeben: Wert wurde aus der Verlustleistung des Prototypen im kontinuierlichen Betrieb geschätzt. Dafür wurde angenommen, dass nur die Verlustleistung des ICs mit dem Tastverhältnis skaliert.

die dafür benötige Leistungsaufnahme. Dies wird durch den Wirkungsgrad ausgedrückt. Der hohe Wirkungsgrad in [61] relativiert sich, wenn die zusätzlichen HF-Signalverluste durch ein Bond-*Interface* und einen PCB-Balun sowie die zusätzliche Verlustleistung der Referenzquellen und der Modulationstaktquelle in einem vollständigen Prototypen berücksichtigt werden. Im Vergleich zu den anderen beiden Arbeiten ist der vorgestellte SILO-Prototyp (CC300) wesentlich energieeffizienter.

Die wichtigste Kennzahl für einen geschalteten Oszillator in einem Abstandsmesssystem im Schaltbetrieb ist die eingangsbezogene Rauschleistung $P_{i,N}$ (Kapitel 3). Da die vorgestellte Charakterisierungsmethode in dieser Arbeit erstmals beschrieben wurde, kann diese Kenngröße nur aus den in anderen Arbeiten zur Verfügung stehenden Daten geschätzt werden. In [28] ist das Ausgangsleistungsspektrum des geschalteten Oszillators für drei verschiedene Injektionsleistungen dargestellt. Unter Verwendung des linearen Modells aus 3.29 wurden aus den abgelesenen Leistungswerten die Größen $P_{i,N}$ und $P_{o,N}$ berechnet. In Abschnitt 3.3.2 wurde gezeigt, dass $P_{i,N}$ bei gleichen Oszillatorkennwerten mit steigender Frequenz schlechter wird. Daher ist die gemessene eingangsbezogene Rauschleistung des kreuzgekoppelten Oszillators unter Berücksichtigung der verschiedenen Oszillationsfrequenzen um mehr als 10 dB besser als in [28].

Der hier vorgestellte integrierte SILO-Prototyp, der mit einer strukturierten Methode entworfen wurde, ist demnach in allen relevanten Parametern besser als die bisher publizierten Realisierungen.

Tabelle 5.13 zeigt die Parameter relevanter Referenzsysteme. Dabei wurden ausschließlich FMCW-Sekundärradarsysteme betrachtet. In dem Vergleich sind zwei weitere Systeme auf Basis von geschalteten Oszillatoren aufgeführt ([2, 28]). Die anderen vier basieren auf einem System, in dem der Abstand zwischen zeitsynchronisierten FMCW-Basisstationen gemessen wird. Die Komplexität und die Leistungsaufnahme dieser Systeme ist im Allgemeinen deutlich höher. Aus diesem Grund wird die Leistungsaufnahme in der Literatur häufig nicht angegeben.

Im Abschnitt 5.2.2 wurde gezeigt, dass die Genauigkeit von Abstandsmesssystemen stark von dem gewählten Szenario abhängt. Daher sind vergleichende Aussagen zur Genauigkeit und zum maximalen Fehler von verschiedenen Messsystemen, die in unterschiedlichen Umgebungen charakterisiert wurden, nur begrenzt aussagekräftig. Dennoch wird deutlich, dass das hier gezeigte System bis auf eine Ausnahme ([51]) in allen Szenarien exaktere Messergebnisse liefert. Die trotz der geringeren Bandbreite etwas besseren Genauigkeiten und maximalen Fehler in [51] sind durch die Verwendung sehr viel stärker gerichteter Antennen begründet, die Multipfadeffekte in dem untersuchten Messbereich nahezu komplett ausblenden.

Hervorzuheben ist des Weiteren die erreichte mittlere Präzision von unter 2 mm. Diese ist deutlich besser als in allen Referenzsystemen. Das gilt auch für [2], wenn für den Vergleich die Werte der Präzision in der Antennenmesskammer aus Tabelle 5.5 verwendet werden.

Zusammenfassend ist festzustellen, das die demonstrierte Reichweite von über 100 m mit einer Genauigkeit im Bereich weniger Zentimeter und einer Leistungsaufnahme des Transponders von nur 52 mW den Stand der Technik von FMCW-Sekundärradarsystemen deutlich übertrifft.

Tabelle 5.13: Vergleich von FMCW-Sekundärradarsystemen.

	[51]	[69]	[2]	[28]	[52]	[53]	diese Arbeit (CC300)
Systemparameter							
Bandmittenfrequenz / GHz	5.8	5.8	5.8	5.8	7.5	24.1	34.45
Bandbreite / MHz	150	150	150	150	1000	250	500
Rampendauer / ms	1	2.5	2.5-10	0.65	1	1	1
HF-Ausgangsleistung / dBm	10	14	17	5	k.A.	27	7.5
Verlustleistung / mW	k.A.	1250[b]	k.A.	87	k.A.	k.A.	52
Komplexität des Transponders	hoch	hoch	niedrig	niedrig	hoch	hoch	niedrig
Innerhalb von Gebäuden							
Messbereich / m	5-25	1-19	2.5-2.7	1.8-4.4	1.6	0.3-1.4	0.7-8 / 8-17
Mittlere Präzision / cm	1	5[c]	0.11[d]	6	2.0	1.3	0.17 / 0.19
Genauigkeit / cm	1.5[a]	23[c]	3	26.6 / 9.1[e]	k.A.	k.A.	1.7 / 4.2
maximaler Fehler / cm	3[a]	55[c]	20	50	k.A.	8	4.8 / 17
Außerhalb von Gebäuden							
Messbereich / m	5-550	1-19	k.A.	4-14	k.A.	k.A.	45-100
mittlere Präzision / cm	2	9[c]	k.A.	1.6	k.A.	k.A.	1.1
Genauigkeit / cm	k.A.	26[c]	k.A.	31	k.A.	k.A.	1.9
maximaler Fehler / cm	k.A.	46[c]	k.A.	k.A.	k.A.	k.A.	6.1

[a] Richtantennen mit 9° Öffnungswinkel.
[b] Die Verlustleistung wird in der Publikation nicht angegeben und wurde [60] (vergleichbares System der Autoren) entnommen.
[c] Die Vergleichswerte wurden anhand der Einzelwerte in den angegebenen Abbildungen ermittelt.
[d] Die Präzision wurde in einer Antennenmesskammer gemessen.
[e] Die zweite angegebene Genauigkeit wurde nach Ausschluss von Positionen mit stark erhöhten Messfehlern bestimmt.

6 Zusammenfassung und Ausblick

Aus der Literatur ist das Grundkonzept eines FMCW-Sekundärradarsystems mit geschalteten Oszillatoren bekannt. Die bisher beschriebenen Zusammenhänge liefern jedoch keine Anhaltspunkte für eine gezielte Optimierung von geschalteten Oszillatoren in derartigen Anwendungen. Daher wurde zunächst eine detaillierte theoretische Analyse des Verhaltens von geschalteten Oszillatoren in FMCW-Sekundärradarsystemen durchgeführt. Die beobachtete Phasenkohärenz zwischen einem Injektionssignal und dem Ausgangssignal von geschalteten Oszillatoren [3] wurde analytisch hergeleitet und durch Systemsimulationen bestätigt. Es konnte gezeigt werden, dass sich eine hohe Güte und eine niedrige Entdämpfung des Resonanzkreises positiv auf die Phasenkohärenz auswirken. Damit wurde erstmals eine Beziehung zwischen Schaltungsparametern und der Qualität der Phasenregeneration abgeleitet.

Die Theorie der Phasenabtastung wurde auf verrauschte Injektionssignale erweitert. In Monte-Carlo-Simulationen wurde gezeigt, dass die phasenkohärente Ausgangsleistung von geschalteten Oszillatoren für große Injektionsleistungen näherungsweise unabhängig von dieser ist. Für kleine Injektionsleistungen existiert ein linearer Zusammenhang zwischen der phasenkohärenten Ausgangsleistung und der Leistung des Injektionssignals. Dieser Effekt wurde in einem Modell zur Beschreibung des Phasenabtastverhaltens abgebildet. Die Grenze zwischen diesen beiden linearen Bereichen wird durch die Quellimpedanz der Injektionsquelle sowie dem Verhältnis von Resonanzfrequenz und Güte des Resonanzkreises bestimmt. Eine höhere Güte des Resonanzkreises erhöht die Sensitivität von geschalteten Oszillatoren in Bezug auf die Phasenabtastung. Außerdem kann die Phasenabtastung durch eine Impedanztransformation der Quellimpedanz zum Resonator verbessert werden. Allerdings reduziert ein höheres Impedanztransformationsverhältnis gleichzeitig die Ausgangsleistung des Oszillators bei gleichem Arbeitspunktstrom durch die zunehmenden Verluste in den passiven Bauelementen. Daher existiert ein optimales Impedanztransformationsverhältnis für das die Systemperformanz maximal wird. Auf der Grundlage dieser Theorie zur Phasenabtastung verrauschter Signale wurde eine Charakterisierungsmethode für geschaltete Oszillatoren entwickelt, die eine einfache messtechnische Erfassung des beschriebenen Effekts ermöglicht.

In weiterführenden theoretischen Betrachtungen wurden Zusammenhänge zwischen Schaltungsparametern und anderen wichtigen Systemparametern (z.B. Anschwingzeit und kontinuierlicher Ausgangsleistung) abgeleitet.

In der vorliegenden Arbeit wurde der systematische Entwurf von geschalteten Oszillatoren für Hochfrequenz-Entfernungsmesssysteme am Beispiel von drei verschiedenen Oszillatortopologien erläutert. Dabei wurden die gezeigten theoretischen Zusammenhänge zur Ableitung von Entwurfskriterien verwendet. Die auf diese Weise dimensionierten optimierten Schaltungen wurden als integrierte Schaltkreise in einer SiGe-BiCMOS Technologie gefertigt. Da die entworfenen Oszillatoren sehr empfindlich auf zusätzliche induktive Anteile der Quellimpedanz reagieren, sind zusätzliche Maßnahmen erforderlich, um den Einfluss der Bondverbindungen zu reduzieren. Daher wurde die geometrische Anordnung der HF-Bondverbindungen in EM-Simulationen derart optimiert, dass sich das Bondinterface wie ein LCL-Bandpassfilter verhält. Des Weiteren war es notwendig, das differentielle HF-Signal der integrierten Oszillatoren in ein nicht-differentielles Signal zu wandeln. Dafür wurde ein neuartiger PCB-Balun entwickelt.

Die SILO-Prototypen wurde messtechnisch vollständig charakterisiert und die Ergebnisse den Daten aus Simulationen gegenübergestellt. Durch die grundsätzlich gute Übereinstimmung der Simulations- und Messergebnisse wurde die Eignung der dargestellten Entwurfsmethodik verifiziert. Außerdem wurden die theoretischen Vorhersagen zum Phasenabtastverhalten durch die Messungen belegt. Durch die für alle SILO-Prototypen gleiche Entwurfsspezifikation unterscheiden sich die untersuchten Varianten fast ausschließlich in der Leistungsaufnahme sowie in der eingangsbezogenen Rauschleistung. Die gemessene eingangsbezogene Rauschleistung weist bei der implementierten Variante des kreuzgekoppelten Oszillators mit -66.5 dBm den besten Wert aller bekannter SILO-Realisierungen auf. Außerdem ist die Leistungsaufnahme dieser Variante mit 52 mW sehr niedrig.

Die Funktionalität der SILO-Prototypen in einem FMCW-Sekundärradarsystem wurde in verschiedenen Umgebungen demonstriert. Das hier dargestellte Transponderkonzept übertrifft mit einer Ortungsgenauigkeit von wenigen Zentimetern bei einer Reichweite von über 100 m und einer Präzision im Millimeterbereich alle bekannten Backscatter-Transponder-Systeme um mindestens eine Größenordnung. Im Vergleich zu anderen, nicht SILO-basierten FMCW-Sekundärradarsystemen ist vor allem die um mehr als den Faktor 20 niedrigere Leistungsaufnahme hervorzuheben.

Ein Aspekt der bisher nicht betrachtet wurde, ist die kontinuierliche Regelung der Oszillationsfrequenz eines geschalteten Oszillators. In der vorliegenden Arbeit wurde die Oszillationsfrequenz anhand einer Kalibrierung eingestellt. In Umgebungen mit stark schwankenden Temperaturen ist diese Methode nur bedingt geeignet und kann zu Problemen bei der Einhaltung der Kriterien der Frequenzregulierung führen. Eine Regeleinheit (z.B. eine PLL) zur Frequenzstabilisierung ist daher eine sinnvolle Erweiterung des vorgestellten SILO-Transponders.

Die hier gezeigte Theorie der Phasenabtastung beschränkt sich bisher ausschließlich auf den Einfluss des Rauschens der passiven Elemente am Resonanzkreis, da diese in der aktuellen Realisierung die dominante Ursache für die injektionsleistungsabhängige Abnahme der phasenkohärenten Ausgangsleistung der geschalteten Oszillatoren darstellt. Es ist jedoch absehbar, dass eine weitere Optimierung der Resonanzkreisparameter dazu führt, dass auch das Rauschen der aktiven Bauelemente während des Anschwingvorgangs einen nicht zu vernachlässigenden Beitrag zur eingangsbezogenen Rauschleistung liefert. Eine Erweiterung der Abtasttheorie um derartige Einflussgrößen ist daher notwendig, um diese Effekte bereits beim Entwurf berücksichtigen zu können und um eine Optimierung der Parametern der aktiven Bauelemente zu ermöglichen.

Ein weiterer noch nicht im Detail untersuchter Aspekt ist das Verhalten von mehreren, nah benachbarten SILO-Transpondern. Es ist zu erwarten, dass das Ausgangssignal von zeitgleich aktiven, benachbarten SILO-Transpondern die Sensitivität auf das eigentliche Lesesignal der Basisstation beeinträchtigt und damit die maximale Reichweite erheblich reduziert. Daher sind geeignete Methoden zu erforschen, die diese gegenseitige Beeinflussung reduzieren oder gegebenenfalls komplett unterdrücken.

A Anhang

Freiraumdämpfung

Die Freiraumdämpfung $F_{L,d}$ für eine Einwegsignalausbreitung zwischen zwei im Abstand d platzierten, baugleichen Antennen mit einem Antennengewinn von 1 wird nach [54] allgemein durch folgende Gleichung berechnet.

$$F_{L,d} = \left(\frac{4\pi f d}{c}\right)^2 \tag{A.1}$$

Dabei ist f die Signalfrequenz und c die Lichtgeschwindigkeit im Medium zwischen den Antennen.

Die Freiraumdämpfung für den Fall das ein Signal von einem Kugelstrahler gesendet und von einem Objekt (Reflektor) mit einem Radarquerschnitt in der Größe der Sendeantenne reflektiert bzw. zurück gesendet wird, ergibt sich ein Pfadverlust bezogen auf die Signalleistung von:

$$F_{L,2\cdot d} = F_{L,d}^2 = \left(\frac{4\pi f d}{c}\right)^4. \tag{A.2}$$

Dabei ist f die Signalfrequenz, c die Lichtgeschwindigkeit im Medium und d der Abstand zwischen Antenne und Reflektor.

Definitionen

Spezielle Funktionen

Die Rechteckfunktion $\text{rect}(t)$ wird in dieser Arbeit zur Begrenzung von Signalen im Zeitbereich wie folgt definiert.

$$\text{rect}(t) = \begin{cases} 0 & \text{für } |t| > \frac{1}{2} \\ \frac{1}{2} & \text{für } |t| = \frac{1}{2} \\ 1 & \text{für } |t| < \frac{1}{2} \end{cases} \tag{A.3}$$

Die Fouriertransformierte der Rechteckfunktion ist die Spaltfunktion sinc(f). Sie ist wie folgt definiert.

$$\text{sinc}(f) = \frac{\sin(\pi f)}{\pi f} \tag{A.4}$$

Fouriertransformation

Die Fouriertransformation $\mathfrak{F}\{\cdot\}$ ist nach [33] wie folgt definiert.

$$S(f) = \mathfrak{F}\{s(t)\} = \int\limits_{-\infty}^{\infty} s(t)e^{-j2\pi ft}\mathrm{d}t$$

$$s(t) = \mathfrak{F}^{-1}\{S(f)\} = \int\limits_{-\infty}^{\infty} S(f)e^{j2\pi ft}\mathrm{d}f \tag{A.5}$$

Einige wichtige Fourier-Transformations-Paare:

$$\mathfrak{F}\{a \cdot g(t) + b \cdot h(t)\} = a \cdot \mathfrak{F}\{g(t)\} + b \cdot \mathfrak{F}\{h(t)\}$$

$$\mathfrak{F}\{g(t) \cdot h(t)\} = \mathfrak{F}\{g(t)\} * \mathfrak{F}\{h(t)\}$$

$$\mathfrak{F}\{\cos(a(t-b))\} = \frac{1}{2}e^{-jab}\delta\left(f - \frac{a}{2\pi}\right) + \frac{1}{2}e^{jab}\delta\left(f + \frac{a}{2\pi}\right)$$

$$\mathfrak{F}\{\sin(a(t-b))\} = \frac{1}{2j}e^{-jab}\delta\left(f - \frac{a}{2\pi}\right) - \frac{1}{2j}e^{jab}\delta\left(f + \frac{a}{2\pi}\right)$$

$$\mathfrak{F}\{\text{rect}(a(t-b))\} = \frac{1}{a} \cdot \text{sinc}\left(\frac{f}{a}\right)e^{-j2\pi fb} \tag{A.6}$$

Wichtige Eigenschaften der Diracschen Deltafunktion:

$$\sum_{n=-\infty}^{\infty} e^{-j2\pi fnb} = \frac{1}{b}\sum_{n=-\infty}^{\infty}\delta\left(f - \frac{n}{b}\right) = \frac{1}{b}\text{Ш}_{\frac{1}{b}}(f)$$

$$G(f) * \delta(f - a) = G(f - a) \tag{A.7}$$

Literaturverzeichnis

[1] L. Wiebking, M. Vossiek, M. Nalezinski, and P. Heide, "Transpondersystem und verfahren zur entfernungsmessung," DE Patent DE 10 155 251 A1, June 18, 2003.

[2] L. Wiebking, *Entwicklung eines zentimetergenauen mehrdimensionalen Nahbereichs-Navigationssystems*, ser. Fortschritt-Berichte VDI: Reihe 8, Meß-, Steuerungs- und Regelungstechnik. VDI-Verlag, 2003.

[3] M. Vossiek and P. Gulden, "The switched injection-locked oscillator: A novel versatile concept for wireless transponder and localization systems," *IEEE Transactions on Microwave Theory and Techniques*, vol. 56, no. 4, pp. 859 –866, April 2008.

[4] H. Schantz, "On the origins of RF-based location," in *IEEE Topical Conference on Wireless Sensors and Sensor Networks (WiSNet)*, 2011, pp. 21–24.

[5] J. S. Stone, "Method of determining the direction of space telegraph signals," US Patent US 716 134, December 16, 1902.

[6] ——, "Apparatus for determining the direction of space telegraph signals," US Patent US 716 135, December 16, 1902.

[7] L. De Foeest, "Wireless signaling apparatus," US Patent US 771 819, May 28, 1904.

[8] C. Hülsmeyer, "Verfahren, um entfernte metallische gegenstände einem beobachter zu melden," DE Patent DE 165 546, April 30, 1904.

[9] L. Espenschied and R. Newhouse, "A terrain clearance indicator," *Bell System Technical Journal*, vol. 18, no. 1, pp. 222–234, 1939.

[10] J. H. Richter, "High resolution tropospheric radar sounding," *Radio Science*, vol. 4, no. 12, pp. 1261–1268, 1969.

[11] J. Heidrich, D. Brenk, J. Essel, S. Schwarzer, K. Seemann, G. Fischer, and R. Weigel, "The roots, rules, and rise of RFID," *IEEE Microwave Magazine*, vol. 11, no. 3, pp. 78–86, 2010.

[12] M. Vossiek, L. Wiebking, P. Gulden, J. Wieghardt, C. Hoffmann, and P. Heide, "Wireless local positioning," *IEEE Microwave Magazine*, vol. 4, no. 4, pp. 77–86, 2003.

[13] R. Miesen, R. Ebelt, F. Kirsch, T. Schäfer, G. Li, H. Wang, and M. Vossiek, "Where is the tag?" *IEEE Microwave Magazine*, vol. 12, no. 7, pp. S49–S63, 2011.

[14] H. Stockman, "Communication by means of reflected power," *Proceedings of the IRE*, vol. 36, no. 10, pp. 1196–1204, 1948.

[15] J. Vinding and A. Koelle, "Comments on 'Short-range radio-telemetry for electronic identification, using modulated RF backscatter'," *Proceedings of the IEEE*, vol. 64, no. 8, pp. 1255–1255, 1976.

[16] R. King, *Microwave homodyne systems*, ser. IEE electromagnetic waves series. P. Peregrinus on behalf of the Institution of Electrical Engineers, 1978.

[17] K. Finkenzeller and D. Müller, *RFID Handbook: Fundamentals and Applications in Contactless Smart Cards, Radio Frequency Identification and Near-Field Communication*. Wiley, 2010.

[18] M. Vossiek, R. Roskosch, and P. Heide, "Precise 3-d object position tracking using FMCW radar," in *29th European Microwave Conference*, vol. 1, 1999, pp. 234–237.

[19] B. Razavi, "A study of injection locking and pulling in oscillators," *IEEE Journal of Solid-State Circuits*, vol. 39, no. 9, pp. 1415 – 1424, September 2004.

[20] M. Vossiek, A. Urban, S. Max, and P. Gulden, "Inverse synthetic aperture secondary radar concept for precise wireless positioning," *IEEE Transactions on Microwave Theory and Techniques*, vol. 55, no. 11, pp. 2447–2453, 2007.

[21] E. Armstrong, "Some recent developments of regenerative circuits," *Proceedings of the Institute of Radio Engineers*, vol. 10, no. 4, pp. 244–260, 1922.

[22] H. Ataka, "On superregeneration of an ultra-short-wave receiver," *Proceedings of the Institute of Radio Engineers*, vol. 23, no. 8, pp. 841–884, 1935.

[23] F. Frink, "The basic principles of super-regenerative reception," *Proceedings of the Institute of Radio Engineers*, vol. 26, no. 1, pp. 76–106, 1938.

[24] G. G. Macfarlane and J. Whitehead, "The theory of the super-regenerative receiver operated in the linear mode," *Journal of the Institution of Electrical Engineers - Part III: Radio and Communication Engineering*, vol. 95, no. 35, pp. 143–157, 1948.

[25] L. Riebman, "Theory of the superregenerative amplifier," *Proceedings of the IRE*, vol. 37, no. 1, pp. 29–33, 1949.

[26] T. Schäfer, F. Kirsch, and M. Vossiek, "A 13.56 MHz localization system utilizing a switched injection locked transponder," in *IEEE International Conference on Microwaves, Communications, Antennas and Electronics Systems (COMCAS)*, 2009, pp. 1–4.

[27] T. Schäfer and M. Vossiek, "Transponder and reader concept for a HF locating system," in *German Microwave Conference (GeMIC)*, 2011, pp. 1–4.

[28] S. Wehrli, R. Gierlich, J. Huttner, D. Barras, F. Ellinger, and H. Jackel, "Integrated active pulsed reflector for an indoor local positioning system," *IEEE Transactions on Microwave Theory and Techniques*, vol. 58, no. 2, pp. 267–276, February 2010.

[29] R. Adler, "A study of locking phenomena in oscillators," *Proceedings of the IRE*, vol. 34, no. 6, pp. 351–357, June 1946.

[30] Bundesnetzagentur, "Frequenznutzungsplan," p. 508, August 2011. [Online]. Available: http://www.bundesnetzagentur.de

[31] "IEEE standard radar definitions," *IEEE Std 686-1997*, pp. 1–39, 1998.

[32] M. Skolnik, *Radar Handbook*, 3rd ed. McGraw-Hill Education, 2008.

[33] I. N. Bronstein, K. A. Semendjajew, G. Musiol, and H. Mühlig, *Taschenbuch der Mathematik*, 5th ed. Frankfurt am Main: Verlag Harri Deutsch, 2001.

[34] U. Tietze and C. Schenk, *Taschenbuch der Mathematik*, 11th ed. Frankfurt am Main: Springer Verlag Berlin Heidelberg, 1999.

[35] (2013, May) MathWorks, Inc. [Online]. Available: http://www.mathworks.de

[36] D. Barras, F. Ellinger, H. Jackel, and W. Hirt, "Low-power ultra-wideband wavelets generator with fast start-up circuit," *IEEE Transactions on Microwave Theory and Techniques*, vol. 54, no. 5, pp. 2138–2145, May 2006.

[37] (2013, May) IHP GmbH. [Online]. Available: http://www.ihp-microelectronics.com

[38] D. M. Pozar, *Microwave Engineering*, 4th ed. Hoboken, N.J.: John Wiley, 2012.

[39] F. Ellinger, *Radio Frequency Integrated Circuits and Technologies*, 1st ed. Berlin Heidelberg: Springer Verlag Berlin Heidelberg, 2007.

[40] (2013, May) Atmel Corporation. [Online]. Available: http://www.atmel.com

[41] (2013, May) Abracon Corporation. [Online]. Available: http://www.abracon.com

[42] (2013, May) Advanced Technical Materials, Inc. [Online]. Available: http://www.atmmicrowave.com

[43] (2013, May) Lehrstuhl für Hochfrequenztechnik, Friedrich-Alexander Universität Erlangen-Nürnberg. [Online]. Available: http://www.lhft.e-technik.uni-erlangen.de

[44] (2013, May) Agilent Technologies, Inc. [Online]. Available: http://www.agilent.com

[45] (2013, May) Hittite Microwave Corporation. [Online]. Available: http://www.hittite.com

[46] N. Deparis, A. Siligarisy, P. Vincent, and N. Rolland, "A 2 pJ/bit pulsed ILO UWB transmitter at 60 GHz in 65-nm CMOS-SOI," in *IEEE International Conference on Ultra-Wideband (ICUWB)*, September 2009, pp. 113 –117.

[47] C. Carlowitz and M. Vossiek, "Synthesis of angle modulated ultra wideband signals based on regenerative sampling," in *IEEE MTT-S International Microwave Symposium Digest (MTT)*, 2012, pp. 1–3.

[48] C. Carlowitz, A. Esswein, R. Weigel, and M. Vossiek, "A low power pulse frequency modulated UWB radar transmitter concept based on switched injection locked harmonic sampling," in *The 7th German Microwave Conference (GeMiC)*, 2012, pp. 1–4.

[49] C. Carlowitz, M. Vossiek, A. Esswein, and R. Weigel, "Synthesis of pulsed frequency modulated ultra wideband radar signals based on stepped phase shifting," in *IEEE International Conference on Ultra-Wideband (ICUWB)*, 2012, pp. 343–346.

[50] A. Esswein, G. Fischer, R. Weigel, T. Ussmueller, C. Carlowitz, and M. Vossiek, "An integrated switched injection-locked oscillator for pulsed angle modulated ultra wideband communication and radar systems," in *IEEE International Conference on Ultra-Wideband (ICUWB)*, 2012, pp. 270–273.

[51] S. Roehr, P. Gulden, and M. Vossiek, "Precise distance and velocity measurement for real time locating in multipath environments using a frequency-modulated continuous-wave secondary radar approach," *IEEE Transactions on Microwave Theory and Techniques*, vol. 56, no. 10, pp. 2329–2339, 2008.

[52] B. Waldmann, R. Weigel, P. Gulden, and M. Vossiek, "Pulsed frequency modulation techniques for high-precision ultra wideband ranging and positioning," in *IEEE International Conference on Ultra-Wideband (ICUWB)*, vol. 2, 2008, pp. 133–136.

[53] D. Shmakov, R. Ebelt, and M. Vossiek, "Wireless sensor network with 24 GHz local positioning transceiver," in *Microwave Symposium Digest (MTT), 2012 IEEE MTT-S International*, 2012, pp. 1–3.

[54] J. Detlefsen and U. Siart, *Grundlagen der Hochfrequenztechnik*, 2nd ed. München Wien: Oldenbourg Verlag, 2006.

Veröffentlichungen

[55] A. Strobel, M. Schulz, F. Ellinger, C. Carlowitz, and M. Vossiek, "Analysis of phase sampling noise of switched injection-locked oscillators," in *IEEE Topical Conference on Wireless Sensors and Sensor Networks (WiSNet)*, 2014, accepted.

[56] A. Richter, A. Strobel, N. Joram, F. Ellinger, L. Göpfert, and R. Marg, "Tunable synchronous electric charge extraction interface for piezoelectric energy harvesting," in *International Multi-Conference on Systems, Signals and Devices (SSD)*, 2014, accepted.

[57] A. Strobel, C. Carlowitz, R. Wolf, F. Ellinger, and M. Vossiek, "A millimeter-wave low-power active backscatter tag for FMCW radar systems," *IEEE Transactions on Microwave Theory and Techniques*, vol. 61, no. 5, pp. 1964–1972, 2013.

[58] C. Carlowitz, M. Vossiek, A. Strobel, and F. Ellinger, "Precise ranging and simultaneous high speed data transfer using mm-wave regenerative active backscatter tags," in *IEEE International Conference on RFID (RFID)*, 2013, pp. 253–260.

[59] J. Leufker, A. Strobel, C. Carta, and F. Ellinger, "A wideband planar microstrip to coplanar stripline transition (balun) at 35 GHz," in *9th Conference on Ph.D. Research in Microelectronics and Electronics (PRIME)*, 2013, pp. 305–308.

[60] N. Joram, B. Al-Qudsi, J. Wagner, A. Strobel, and F. Ellinger, "Design of a multi-band FMCW radar module," in *10th Workshop on Positioning Navigation and Communication (WPNC)*, 2013, pp. 1–6.

[61] M. Schulz, A. Strobel, and F. Ellinger, "System considerations and VCO design for a local positioning system at 2.4 GHz for rescue of people on ships and in sea," in *10th Workshop on Positioning Navigation and Communication (WPNC)*, 2013, pp. 1–5.

[62] B. Lindner, N. Joram, A. Strobel, U. Yodprasit, and F. Ellinger, "Broadband receiver frontend with high dynamic range for multi-standard digital radio," in *IEEE International Conference on Microwaves, Communications, Antennas and Electronics Systems (COMCAS)*, 2013, pp. 1–5.

[63] B. Al-Qudsi, N. Joram, A. Strobel, and F. Ellinger, "Zoom FFT for precise spectrum calculation in FMCW radar using FPGA," in *9th Conference on*

Ph.D. Research in Microelectronics and Electronics (PRIME), 2013, pp. 337–340.

[64] J. Wagner, U. Mayer, M. Wickert, R. Wolf, N. Joram, A. Strobel, and F. Ellinger, "X-type attenuator in CMOS with novel control linearization, very low phase variations and automatic matching," in *European Microwave Integrated Circuits Conference (EuMIC)*, 2013, pp. 200–203.

[65] F. Ellinger, T. Mikolajick, G. Fettweis, D. Hentschel, S. Kolodinski, H. Warnecke, T. Reppe, C. Tzschoppe, J. Dohl, C. Carta, D. Fritsche, G. Tretter, M. Wiatr, S. D. Kronholz, R. P. Mikalo, H. Heinrich, R. Paulo, R. Wolf, J. Hübner, J. Waltsgott, K. Meißner, R. Richter, O. Michler, M. Bausinger, H. Mehlich, M. Hahmann, H. Möller, M. Wiemer, H.-J. Holland, R. Gärtner, S. Schubert, A. Richter, A. Strobel, A. Fehske, S. Cech, U. Aßmann, A. Pawlak, M. Schröter, W. Finger, S. Schumann, S. Höppner, D. Walter, H. Eisenreich, and R. Schüffny, "Energy efficiency enhancements for semiconductors, communications, sensors and software achieved in cool silicon cluster project," *The European Physical Journal Applied Physics*, vol. 63, 7 2013.

[66] F. Ellinger, G. Fettweis, C. Tzschoppe, C. Carta, D. Fritsche, G. Tretter, U. Yodprasit, R. Paulo, A. Richter, A. Strobel, R. Wolf, A. Fehske, C. Isheden, A. Pawlak, M. Schroter, S. Schumann, S. Hoppner, D. Walter, H. Eisenreich, and R. Schuffny, "Power-efficient high-frequency integrated circuits and communication systems developed within cool silicon cluster project," in *SBMO/IEEE MTT-S International Microwave Optoelectronics Conference (IMOC)*, 2013, pp. 1–2.

[67] F. Ellinger, T. Mikolajik, G. Fettweis, D. Hentschel, S. Kolodinski, H. Warnecke, T. Reppe, C. Tzschoppe, J. Dohl, C. Carta, D. Fritsche, M. Wiatr, S. Kronholz, R. Mikalo, H. Heinrich, R. Paulo, R. Wolf, J. Hubner, J. Waltsgott, K. Meissner, R. Richter, M. Bausinger, H. Mehlich, M. Hahmann, H. Moller, M. Wiemer, H. Holland, R. Gartner, S. Schubert, A. Richter, A. Strobel, A. Fehske, S. Cech, U. Assmann, S. Hoppner, D. Walter, H. Eisenreich, and R. Schuffny, "Cool silicon ict energy efficiency enhancements," in *International Semiconductor Conference Dresden-Grenoble (ISCDG)*, 2012, pp. 1–4.

[68] A. Richter, A. Strobel, and F. Ellinger, "Anordnung und Verfahren zur Erzeugung einer Spannung," DE Patent D8 300 068DE, May 30, 2013, submitted.

[69] N. Joram, J. Wagner, A. Strobel, and F. Ellinger, "5.8 GHz demonstration system for evaluation of FMCW ranging," in *9th Workshop on Positioning Navigation and Communication (WPNC)*, 2012, pp. 137–141.

[70] C. Carlowitz, A. Strobel, T. Schafer, F. Ellinger, and M. Vossiek, "A mm-wave RFID system with locatable active backscatter tag," in *IEEE International Conference on Wireless Information Technology and Systems (ICWITS)*, 2012, pp. 1–4.

[71] F. Ellinger, T. Mikolajik, G. Fettweis, D. Hentschel, S. Kolodinski, H. Warnecke, T. Reppe, C. Tzschoppe, J. Dohl, C. Carta, D. Fritsche, M. Wiatr, S. Kronholz, R. Mikalo, H. Heinrich, R. Paulo, R. Wolf, J. Hübner, J. Waltsgott, K. Meißner, R. Richter, M. Bausinger, H. Mehlich, M. Hahmann, H. Möller, M. Wiemer, H.-J. Holland, R. Gärtner, S. Schubert, A. Richter, A. Strobel, A. Fehske, S. Cech, U. Aßmann, S. Höppner, D. Walter, H. Eisenreich, and R. Schüffny, "Cool silicon ICT energy efficiency enhancements," in *International Semiconductor Conference Dresden-Grenoble (ISCDG)*, 2012, pp. 1–4.

[72] A. Strobel and F. Ellinger, "An active pulsed reflector circuit for FMCW radar application based on the switched injection-locked oscillator principle," in *Semiconductor Conference Dresden (SCD)*, 2011, pp. 1–4.

[73] J. Wagner, A. Strobel, N. Joram, R. Eickhoff, and F. Ellinger, "FMCW system aspects for multipath environments," in *8th Workshop on Positioning Navigation and Communication (WPNC)*, April 2011, pp. 89–93.

[74] R. Eickhoff, N. Joram, J. Wagner, A. Strobel, and F. Ellinger, "Design space exploration and hardware aspects of local positioning systems," in *8th Workshop on Positioning Navigation and Communication (WPNC)*, 2011, pp. 131–136.

[75] A. Strobel, R. Eickhoff, A. Ziroff, and F. Ellinger, "Comparison of pulse and FMCW based radiolocation for indoor tracking systems," in *Future Network and Mobile Summit*, 2010, pp. 1–8.

Abkürzungen und Symbole

Abkürzungen

ADC	Analog-Digital-Konverter
BiCMOS	Halbleitertechnologie, in der sowohl Bipolar- als auch CMOS-Transistoren gefertigt werden können
CB600	Implementierte Variante des *Common-Base-Colpitts*-Oszillators mit einem Impedanztransformationsverhältnis von 1:6
CC300	Implementierte Variante des kreuzgekoppelten Oszillators mit einem Impedanztransformationsverhältnis von 1:3
CMOS	*Complementary metal oxide semiconductor*, Bezeichnung für eine Halbleitertechnologie in der sowohl p-Kanal- als auch n-Kanal Feldeffekttransitoren gefertigt werden können
CW-Radar	*continuous wave radar*, Unmoduliertes Dauerstrichradar
DAC	Digital-Analog-Konverter
DC	*Direct current*, Gleichanteil von Signalen
DFG	Deutsche Forschungsgemeinschaft
DSP	*Digital signal processor*, Digitaler Signalprozessor
eAMP	Eingangsverstärker
EM	*electro-magnetic*, Elektromagnetisch, EM-Simulation: Numerisches Verfahren zur Lösung der Maxwellschen Gleichungen
FFT	*Fast Fourier transform*, Schnelle Fourier-Transformation
FMCW-Radar	*Frequency modulated continuous wave radar*, Frequenzmoduliertes Dauerstrichradar
FSCW-Radar	*Frequency step continuous wave radar*, Frequenzmoduliertes Dauerstrichradar mit treppenförmiger Frequenzrampe
GPS	*Global positioning system*, Globales Positionierungssystem
GSM	*Groupe spécial mobile*, später auch: *Global System for Mobile Communications*, Mobilfunkstandard der zweiten Generation
HBT	*Heterojunction Bipolar Transistor*, Bipolartransistor mit unterschiedlichen Halbleitermaterialien in Basis und Emitter
HF	Hochfrequenz
IC	*Integrated circuit*, integrierter Schaltkreis
LC	Spule (L), Kondensator (C)
LNA	*Low noise amplifier*, Rauscharmer Verstärker
LO	*Local oscillator*, Lokaloszillator
LTE	*Long term evolution*, Mobilfunkstandard der vierten Generation

MCS	Monte-Carlo-Simulation
MIM	*Metal-insulator-metal*, Anordnung zur Herstellung integrierter Kapazitäten
MN	*Matching network*, Anpassnetzwerk
MOS	*Metal oxide semiconductor*, Metall-Oxid-Halbleiter, Bezeichnung für einen Feldeffekttransitor
MX	*Mixer*, Mischer
NFC	*Near field communication*, Nahfeldkommunikation
NMOS	Bezeichnung für einen n-Kanal Feldeffekttransitor
PA	*Power amplifier*, Leistungsverstärker
PAC	*Periodic AC (analysis)*, Periodische AC-Analyse
PCB	*Printed circuit board*, Leiterplatte
PD	*Power divider*, Leistungsteiler
PSS	*Periodic steady-state (analysis)*, Analyse des Grenzzyklus
PTAT	*Proportional to absolute temperature*, Stromquelle zur Erzeugung eines Stromes, der proportional zur absoluten Temperatur ist
RFID	*Radio-frequency identification*, Identifizierung mit Hilfe elektromagnetischer Wellen
RingOsc	Implementierte Variante des LC-Ringoszillators
SILO	*Switched injection-locked oscillator*, geschalteter injektionsgekoppelter Oszillator
SPI	*Serial-parallel-interface*, Seriell-Parallel-Schnittstelle
STB	*Loop stability (analysis)*, Analyse der Stabilität einer geschlossenen Schleife
UART	*Universal Asynchronous Receiver Transmitter*, Digitale serielle Schnittstelle
UMTS	*Universal mobile telecommunications system*, Mobilfunkstandard der dritten Generation
VBIC	Bezeichnung eines Transistormodells
VCO	*Voltage controlled oscillator*, Spannungsgesteuerter Oszillator
WLAN	*Wireless local area network*, drahtloses lokales Netzwerk
μC	Mikrocontroller

Formelzeichen

B_{HK}	Hauptkeulenbandbreite der sinc-Funktion im Frequenzbereich
B_r	Bandbreite der Frequenzrampe eines FMCW-Radarsignals
c	Lichtgeschwindigkeit
C_0	Summe der parasitären Kapazitäten am Resonator

c_{BE}	Basis-Emitter-Kapazität eines Bipolartransistors (Kleinsignalparameter)
C_k	Rückkoppelkapazität
C_S	Koppelkapazität zur DC-Entkopplung
C_T	Transformationskapazität
$C_{T,p}$	Umrechnung der Serientransformationskapazität in eine Parallelersatzschaltung
C_V	Varaktorkapazität (Serienersatzschaltung)
$C_{V,p}$	Umrechnung der Varaktorkapazität (Serienersatzschaltung) in eine Parallelersatzschaltung
d	Entfernung zwischen Basisstation und Messobjekt
d_0	Abstand zwischen Basisstation und Messobjekt (Referenzmessung)
d_i	Innendurchmesser einer planaren Spulenanordnung
d_m	Abstand zwischen Basisstation und Messobjekt (FMCW-Radarsystem)
$\bar{d}_m$	Mittelwert des Abstands zwischen Basisstation und Messobjekt
d_{max}	Maximale Entfernung zwischen Basisstation und Messobjekt zur Berechnung des Basisbandfilters
Δd_{MP}	Differenz der Entfernungen der direktes Pfades und eines Multipfades
$\Delta d_{MP,grenz}$	Auflösungsgrenze für Multipfade
d_N	Abstand, für den die Injektionsleistung der eingangsbezogenen Rauschleistung am aktiven Reflektor entspricht
d_{off}	Systematischer Offset der Abstandsmessung
$E_{\Delta\phi}$	Erwartungswert des Fehlers der Phasenabtastung
$E_{\Delta\phi,MAX}$	Maximum des Fehlers der Phasenabtastung
f	Frequenz
f_0	Startfrequenz der Frequenzrampe eines FMCW-Radarsignals
f_b	*Beat*-Frequenz
f_g	Grenzfrequenz des Basisbandtiefpassfilters
f_i	Injektionsfrequenz
$F_{L,d}$	Freiraumdämpfung für Entfernung d in Sekundärradarsystemen
$F_{L,2\cdot d}$	Freiraumdämpfung für Entfernung d in Primärradarsystemen
$F_{L,d_{max}}$	Freiraumdämpfung für maximale Entfernung d_{max}
f_{mod}	Frequenz des Phasenabtasttaktes, Modulationsfrequenz
$f_{mod,m}$	Frequenz des Phasenabtasttaktes in der Messung
f_{osc}	Oszillationsfrequenz des geschalteten Oszillators
Δf_{osc}	Stellbereich der Oszillationsfrequenz

Δf_{peak}	Abstand zweier *Peaks* im Frequenzbereich
f_s	Abtastfrequenz des Basisbandsignals
G_A	Antennengewinn
G_{LNA}	Verstärkung des rauscharmen Verstärkers
g_m	Steilheit eines Bipolartransistors (Kleinsignalparameter)
G_{MX}	Verstärkung eines Mischers
k	Rückkoppelfaktor
k_B	Boltzmannkonstante
k_L	Koppelfaktor einer symmetrischen planaren Spulenanordnung
I	Strom, allgemein
$\underline{I}$	in den Frequenzbereich transformierter Strom $i(t)$ als komplexer Effektivwert
$i(t)$	Strom im Zeitbereich
I_0	Arbeitspunktstrom
$I_{0,LNA}$	Arbeitspunktstrom des Eingangsverstärkers
$I_{0,PA}$	Arbeitspunktstrom eines Leistungsverstärkers
I_B	Basisstrom eines Bipolartransistors im Arbeitspunkt
I_C	Kollektorstrom eines Bipolartransistors im Arbeitspunkt
I_{CC}	DC-Strom in Schaltungen mit Bipolartransistoren
I_E	Emitterstrom eines Bipolartransistors im Arbeitspunkt
L_p	Umrechnung der Serieninduktivität einer Spule (Serienersatzschaltung) in eine Parallelersatzschaltung
L_S	Serieninduktivität einer Spule
n	Entdämpfungsfaktor oder beliebige ganze Zahl
n_λ	Natürliche Zahl zur Definition der Länge der Mikrostreifenleitungen eines Baluns
n_{LG}	Spannungsverstärkung der offenen Schleife eines Ringoszillators
NF	Rauschzahl
$NFFT$	Anzahl der Abtastpunkte bei der Berechnung der FFT
P	Leistung, allgemein
P_a	Ausgangsleistung oder Ausgangsleistungsspektrum
$P_{a,env,max}$	Spitzenwert der Einhüllenden der Ausgangsleistung im Spektrum des SILO
$P_{BB,f_{mod}}$	Basisbandsignalleistung bei der ersten Harmonischen der Modulationsfrequenz
P_{DC}	Gleichanteil der Verlustleistung
P_i	HF-Leistung des Injektionssignals
$P_{i,min}$	Eingangsbezogene Messbarkeitsgrenze für die Sensitivität der Phasenabtastung
$P_{i,N}$	Eingangsbezogene Rauschleistung des SILO

P_N	effektive Rauschleistung des Verlustwiderstandes des Parallel-resonanzkreises
$P_{N,BB}$	Rauschleistung des Basisbandsignals
$P_{o,N}$	Maximale phasenkohärente Ausgangsleistung des SILO (Spitzenwert der Einhüllenden im Spektrum)
P_{R_s}	Leistung, die im Parallelresonanzkreis in einer Periode an R_s umgesetzt wird
P_{zu}	Leistung, die dem Parallelresonanzkreis in einer Periode zugeführt wird
Q_{C_V}	Qüte des Varaktors
Q_L	Güte einer Spule
Q_{LG}	Güte der Schleifenverstärkung eines Ringoszillators
Q_{RLC}	Güte des Parallelresonanzkreises
$Q_{RLC,T}$	Güte des Parallelresonanzkreises
$\bar{r}$	Mittelwert des Entfernungsmessfehlers
R_B	Widerstand zur Arbeitspunkteinstellung
R_{C_V}	Serienwiderstand eines Varaktors
$R_{C_V,p}$	Umrechnung der Serienwiderstands eines Varaktors in eine Parallelersatzschaltung
r_i	Entfernungsmessfehler der Einzelmessung i
R_L	Serienwiderstand einer Spule
$R_{L,p}$	Umrechnung des Serienwiderstandes einer Spule (Serienersatzschaltung) in eine Parallelersatzschaltung
R_n	Effektiver negativer Widerstand im linearen Oszillatormodell
R_{ref}	Referenzwiderstand zur Umrechnung von Spannungen in Leistungen (50 Ω bzw. 100 Ω)
$R_{res,p}$	äquivalenter Parallelverlustwiderstand am Parallelresonanz-kreis
R_s	Widerstand der Injektionsquelle
R_v	Effektiver Parallelwiderstand am Parallelresonanzkreis (ohne transformierten Quellwiderstand)
S	S-Parameter
SNR	*Signal to noise ratio*, Signal-Rausch-Verhältnis
t	Zeit
T	Temperatur
t_f	Ausschaltverzögerung eines Oszillators
T_{mod}	Periodendauer des Phasenabtasttaktes (inverse Modulations-frequenz)
T_{on}	Pulsweite des Phasenabtasttaktes
$T_{on,m}$	Pulsweite des Phasenabtasttaktes (geschätzt aus dem gemessenen Spektrum)

t_r	Anschwingzeit eines Oszillators
T_r	Dauer der Frequenzrampe eines FMCW-Radarsignals
T_s	Periodendauer der Abtastung
U	Spannung, allgemein
$\underline{U}$	in den Frequenzbereich transformierte Spannung $u(t)$ als komplexer Effektivwert
$u(t)$	Spannung im Zeitbereich
$\dot{u}$	Erste Ableitung der Spannung $u(t)$ von der Zeit t
$\ddot{u}$	Zweite Ableitung der Spannung $u(t)$ von der Zeit t
$\hat{U}$	Amplitude einer sinusförmigen Spannung im Zeitbereich
$U(f)$	Spannung im Frequenzbereich (Fouriertransformation)
$U(f^+)$	Spannung im Frequenzbereich (Fouriertransformation, nur $f > 0$)
U_B	Arbeitspunktspannung an der Basis eines Bipolartransistors bezogen auf Masse
$U_{BE,A}$	Basis-Emitter-Spannung im Arbeitspunkt
U_G	Potential am Gate
U_{N,R_s}	Effektivwert der Rauschspannung an R_s
U_{NW}	Potential der n-Wanne
U_S	Steuerspannung eines Varaktors
U_T	Temperaturspannung
v_T	Impedanztransformationsverhältnis der Quellimpedanz zum Parallelresonanzkreis
$\underline{Y}$	komplexe Admittanz im Frequenzbereich
$\underline{Y}_{in,AS}$	komplexe Eingangsadmittanz der aktiven Stufe eines einstufigen Oszillators
$\underline{Z}$	komplexe Impedanz im Frequenzbereich
Z_W	Wellenwiderstand
β	Zeitkonstante der Entdämpfung des Parallelresonanzkreises im linearen Modell
β_0	Zeitkonstante, die beim Ausschalten des Parallelresonanzkreises relevant ist
β_n	Zeitkonstante der Entdämpfung des Parallelresonanzkreises im nichtlinearen Modell
Γ_{in}	Eingangsreflexionsfaktor
η_T	Transformationswirkungsgrad
σ_{d_m}	Präzision einer Messung (Wiederholgenauigkeit)
$\overline{\sigma}_{d_m}$	mittlere Präzision innerhalb einer Messreihe
$\sigma_{\Delta\phi}$	Standardabweichung des Fehlers der Phasenabtastung
ϕ	Phase eines sinusförmigen Signals, allgemein

ϕ_i	Phase des Injektionssignals
ϕ_n	Phase des Injektionssignals zum Abtastzeitpunkt
ϕ_{osc}	Phase des Oszillationssignals im eingeschwungenen Zustand
$\phi_{osc,ref}$	Phase des Oszillationssignals im eingeschwungenen Zustand (rauschfreies Anschwingen)
ω	Kreisfrequenz, allgemein (für beliebige Indizes i gilt: $\omega_i = 2\pi f_i$)
Ш	Schah-Funktion, Dirac-Kammfunktion
$\mathfrak{F}\{\cdot\}$	Fouriertransformation
$\mathfrak{Im}\{\cdot\}$	Imaginärteil
$\mathfrak{Re}\{\cdot\}$	Realteil

Bedeutung von Indizes in Formelzeichen

a	Ausgang
AMP	*Amplifier*, Verstärker
ANT	Antenne
AR	Aktiver Reflektor
BB	Basisband
BS	Basisstation
diff	Differenzsignal
e	Eingang
gl	Gleichtaktsignal
i	Index (beliebige natürliche Zahl)
k	Index (beliebige natürliche Zahl)
max	Maximal
min	Minimal
mix	*Mixer*, Mischer
RX	*Receiver*, Empfänger bzw. Empfangssignal
TX	*Transmitter*, Sender bzw. Sendesignal

Tabellenverzeichnis

Abbildungsverzeichnis